VD 对绵羊生殖机能的
影响及分子机制初探

黄洋 靳辉 著

气象出版社
China Meteorological Press

内 容 简 介

VD是一种脂溶性维生素,可以从肉、蛋、奶等饮食中摄取,也可以由皮肤内的7-脱氢胆固醇经紫外线照射合成。早在20世纪30年代人们便清楚VD的功能是促进饮食中钙的吸收,从而增强骨骼中钙的沉积,预防佝偻病。随着研究的深入,人们发现体内几乎所有的细胞都会对VD的刺激发生反应,因此VD具有非常广泛的功能。这些功能包括促进细胞增殖、分化,调节免疫功能,抗氧化,延缓细胞衰老,抗癌等。

在农业生产中,羊产业具有举足轻重的作用。2022年我国羊肉需求量接近600万t,羊养殖数量超过3.3亿只。增强羊只的生殖功能,让羊只能够产下更健康、更多的后代,对中国羊产业的发展至关重要。进入21世纪,VD对人生殖功能影响的相关研究报道越来越多,无论对于雄性还是雌性,VD对生殖功能的影响都是积极的。因此,本书根据翔实的试验数据,论证VD对绵羊生殖功能具有潜在的积极作用,以期为VD在绵羊生殖上的应用提供理论依据。

图书在版编目（ＣＩＰ）数据

VD对绵羊生殖机能的影响及分子机制初探 / 黄洋,
靳辉著. -- 北京 : 气象出版社, 2023.4
　　ISBN 978-7-5029-7956-0

Ⅰ. ①V… Ⅱ. ①黄… ②靳… Ⅲ. ①维生素—影响—
绵羊—繁殖力—研究 Ⅳ. ①S826.3

中国国家版本馆CIP数据核字(2023)第065865号

VD dui Mianyang Shengzhi Jineng de Yingxiang ji Fenzi Jizhi Chutan

VD 对绵羊生殖机能的影响及分子机制初探

黄　洋　靳　辉　著

出版发行：气象出版社

地　　址：北京市海淀区中关村南大街 46 号　　　　**邮政编码**：100081

电　　话：010-68407112(总编室)　010-68408042(发行部)

网　　址：http://www.qxcbs.com　　　**E-mail**：qxcbs@cma.gov.cn

责任编辑：张锐锐　郝　汉　　　　　　　　　　**终　　审**：张　斌

责任校对：张硕杰　　　　　　　　　　　　　　**责任技编**：赵相宁

封面设计：艺点设计

印　　刷：北京中石油彩色印刷有限责任公司

开　　本：710 mm×1000 mm　1/16　　　　　　**印　　张**：9

字　　数：240 千字

版　　次：2023 年 4 月第 1 版　　　　　　　　**印　　次**：2023 年 4 月第 1 次印刷

定　　价：68.00 元

前　言

维生素 D(VD)是一种类固醇激素,在动物体内发挥着广泛的生理功能,例如调节钙平衡、骨代谢、细胞增殖与分化等。随着研究的深入,VD 对生殖的影响也逐渐引起了人们的重视。目前并不清楚 VD 是否与绵羊生殖有关,因此本研究以绵羊为研究对象,探寻 VD 与绵羊生殖的关系。

生殖激素对于动物性腺发育、维持第二性征、产生生殖细胞等具有基础性的作用。本试验采集雄性与雌性绵羊血清,并对 VD 与生殖激素浓度进行相关性分析。研究结果表明,雄性与雌性绵羊血清内 25-OHD$_3$ 浓度均显著高于 1α,25-(OH)$_2$D$_3$ 浓度数百倍。雄性绵羊血清内 1α,25-(OH)$_2$D$_3$ 浓度与促卵泡素、促黄体素呈正相关,25-OHD$_3$ 浓度与睾酮呈正相关。雌性绵羊血清内 1α,25-(OH)$_2$D$_3$ 浓度与促性腺激素释放激素、促卵泡素、促黄体素、雌二醇、性激素结合球蛋白皆呈正相关;25-OHD$_3$ 浓度与促性腺激素释放激素、促卵泡素、促黄体素、性激素结合球蛋白呈正相关。表明 VD 与绵羊生殖有潜在的联系。

动物体内的活性 VD 主要来自机体自身合成,且 VD 发挥作用的前提是靶细胞内有 VD 受体的表达。如果绵羊生殖器官与精子内含有 VD 合成与降解的酶类,那么说明绵羊生殖器官与精子能够独立代谢 VD 并供其所用。本研究通过 PCR(多聚酶链式反应)与免疫组化试验表明,绵羊睾丸、附睾、卵巢、精子内均存在 VD 合成与降解的酶类,以及大量的 VD 受体。在睾丸内,这些蛋白主要定位于睾丸间质细胞与曲精小管生殖上皮;在附睾内主要定位于附睾管上皮细胞;在卵巢内主要定位于卵泡颗粒细胞与膜细胞;在精子内主要定位于顶体部位。这些结果进一步表明 VD 在绵羊生殖器官内可能发挥重要功能。

为进一步探究 VD 对绵羊睾丸、附睾、卵巢与精子的作用,本研究在体外使用不同浓度的 1α,25-(OH)$_2$D$_3$ 与睾丸细胞、间质细胞、附睾上皮细胞、卵巢膜细胞、卵巢颗粒细胞、鲜精与冻精进行共培养。结果表明,对于睾丸细胞而言,1α,25-(OH)$_2$D$_3$ 使绵羊睾丸总细胞活力、胞内 cAMP 浓度、葡萄糖吸收、乳酸生成、己糖激酶活力、丙酮酸生成、乳酸脱氢酶活力、柠檬酸合酶活力、琥珀酸脱氢酶活力、总抗氧化能力、过氧化氢酶活力、超氧化物歧化酶活力显著提升。同时 1α,25-(OH)$_2$D$_3$ 使绵羊睾丸间质细胞的活力及促性腺激素诱导的睾酮分泌显著上升,睾酮生成相关基因 *StAR*、3β-*HSD* 与 *CYP*17α 基因 mRNA(信使核糖核酸)表达水平也显著上升。对于附睾上皮细胞而言,1α,25-(OH)$_2$D$_3$ 能提高附睾头、体、尾上皮细胞活力,刺激细胞增殖,并且能提高附睾头、体、尾上皮细胞总抗氧化能力,提高过氧化氢酶、超氧化物歧化酶、谷胱甘肽过氧化物酶与谷胱甘肽 S-转移酶活力。同时 $1\alpha,25\text{-}(OH)_2D_3$ 能促进附睾头、体、尾上皮细胞唾液酸与乳铁蛋白的分泌。对于卵巢细胞而言，$1\alpha,25\text{-}(OH)_2D_3$ 能提高卵巢颗粒细胞与卵巢膜细胞这两种细胞的活力，促进这两种细胞对葡萄糖的吸收，提高乳酸的生成，并促进这两种细胞的增殖。同时 $1\alpha,25\text{-}(OH)_2D_3$ 能够提高这两种细胞的总抗氧化能力，提高过氧化氢酶、超氧化物歧化酶、谷胱甘肽过氧化物酶与谷胱甘肽 S-转移酶等抗氧化酶的活力。对于精子而言，$1\alpha,25\text{-}(OH)_2D_3$ 能够延长绵羊鲜精以及冻精的存活时间，并提高精子的获能率。

总而言之，绵羊血清内 VD 水平与性激素水平相关，VD 代谢相关的酶及 VD 受体在绵羊睾丸、附睾、卵巢、精子内皆存在，VD 对与生殖息息相关的睾丸细胞、附睾上皮细胞、卵泡颗粒细胞、卵泡膜细胞和精子等具有营养作用并影响了诸多基因的表达。

本书由黄洋和靳辉合著，具体分工如下：第 1 章至第 5 章由黄洋撰写，共计 12 万字；第 6 章至第 11 章由靳辉撰写，共计 12 万字。

作者
2023 年 2 月

目　　录

第1章　文献综述

1.1　VD 概况

佝偻病曾经是一种世界性的疾病,无论富裕家庭还是贫困家庭都有婴幼儿罹患此病。对于佝偻病系统性的描述最早出现在 1645 年荷兰莱顿大学 Daniel Whistler 的博士论文中。佝偻病多发于婴幼儿,其体内钙磷代谢异常,骨骼发育不足,临床上可表现为鸡胸、O 型腿、X 型腿等情况,当时人们并不清楚这种疾病的起因。直到 20 世纪初,美国营养学家 McCollum 等[1]和英国营养学家 Mellanby 等[2]发现维生素 D(VD)是日常饮食中一种必不可少的营养成分,缺乏 VD 会导致佝偻病。随后有学者还发现人体接受紫外线的照射后身体可以合成 VD[3],从而明白了可以通过食物补充 VD 或者通过增加阳光的照射来预防佝偻病,因此 VD 也被称为抗佝偻病维生素。

1.1.1　VD 的合成与降解

VD 是固醇类衍生物,是一种脂溶性维生素,德国化学家 Windaus 等对其化学结构进行了鉴定并发明出了 VD 的化学合成方法[4]。Windaus 因此获得了 1938 年的诺贝尔化学奖。动物体内的 VD 来源主要有两个,一个来源是食物,另一个来源是动物自身合成。食物内 VD 含量并不多,主要存在于动物肝脏与植物油脂当中。动物肝脏中存在的 VD 是维生素 D_3(VD$_3$),而植物油脂中存在的 VD 是维生素 D_2(VD$_2$)。VD$_3$ 也被称为胆钙化醇,是皮肤内 7-脱氢胆固醇(7-DHC)在紫外线的照射下合成的。VD$_2$ 也被称为麦角钙化醇,是植物体内的麦角固醇在紫外线的作用下生成的。无论是 VD$_2$ 还是 VD$_3$ 都能够被动物体吸收利用,但是 VD$_3$ 对动物细胞的作用强度要高于 VD$_2$。由于食物内 VD 的含量较少,动物体内的 VD 主要来自于自身合成,动物体内的胆固醇在肠黏膜细胞内可转变为 7-脱氢胆固醇,经血液运输到皮肤,皮肤内的 7-脱氢胆固醇在 290～315 nm 的紫外线照射下可以转变为 VD$_3$,这不是酶促反应过程,是一个纯粹的光化学反应过程。

皮肤内生成的 VD$_3$ 是没有功能的 VD,无法对动物细胞发挥调节功能,VD$_3$ 需要在体内进行代谢,才能生成有活性的 VD。VD 的代谢非常复杂,涉及了多个器官与多种酶的参与,皮肤内 7-脱氢胆固醇经紫外线照射后生成的 VD$_3$ 进入血液,经血液循环到达肝脏,在肝脏内 VD_3 的第 25 位碳原子会被羟基化,从而生成 25-羟维生素D_3(25-OHD_3),参与此反应的酶称为 25-羟化酶。至今发现的肝脏内的 25-羟化酶有四种,都是细胞色素氧化酶,分别是:CYP27A1、CYP2J3、CYP2R1、CYP3A4。目前认为,这四种酶中发挥最主要功能的是 CYP2R1 与 CYP27A1,$CYP2R1$ 基因发生突变时会导致血清内的 25-OHD_3 含量降低[5]并导致 VD 缺乏型佝偻病[6],CYP27A1 也具有 25-羟化酶的功能,对 CYP2R1 具有辅助功能[7,8]。

在肝脏内合成的 25-OHD_3 经血液循环到达肾脏,在肾脏内 25-OHD_3 的第一位碳原子上会再进行一次羟基化生成 $1\alpha,25$-二羟维生素 D_3($1\alpha,25$-$(OH)_2D_3$),肾脏生成的 $1\alpha,25$-$(OH)_2D_3$ 是动物体内 VD 的主要活性形式,完成这次羟基化的酶是细胞色素氧化酶 CYP27B1。目前在肾脏内仅发现这一种能完成此种羟基化反应的酶,$CYP27B1$ 基因如果失活,会导致 I 型抗 VD 佝偻病[9]。CYP27B1 基因敲除的小鼠或 $CYP27B1$ 基因突变的小孩会出现佝偻病,并且普通补充 VD 的药物对其病情无作用(因为普通补充 VD 的药物其成分是 VD_3),只能通过补充 $1\alpha,25$-$(OH)_2D_3$ 才能缓解其病情[10,11]。

肾脏生成的 $1\alpha,25$-$(OH)_2D_3$ 进入血液,随血液循环分布至全身并在相应的靶细胞处发挥功能。因为 VD 不溶于水,所以皮肤生成的 VD_3、肝脏生成的 25-OHD_3 以及肾脏生成的 $1\alpha,25$-$(OH)_2D_3$ 在血液内运输需要 VD 结合蛋白(DBP)。DBP 能与 VD 紧密结合,如果小鼠 DBP 基因失活,小鼠血清内 25-OHD_3 及 $1\alpha,25$-$(OH)_2D_3$ 浓度会极低[12]。

VD 代谢过程中生成的 25-OHD_3 及 $1\alpha,25$-$(OH)_2D_3$ 可以作用于靶细胞,对靶细胞的功能发挥调节作用,作用完成后,机体需要将这两种形式的 VD 降解以终止反应。VD 的降解主要有三条路径,这三条路径都涉及细胞色素氧化酶 CYP24A1。CYP24A1 最早由 Ohyama 等在大鼠内发现并命名[13],随后人体内的 CYP24A1 也被鉴定[14],此酶具有多样化的功能,参与了 25-OHD_3 及 $1\alpha,25$-$(OH)_2D_3$ 的降解[15]。肝脏内产生的 25-OHD_3 可以在 CYP24A1 的作用下在 24 位碳原子上增加一个羟基形成 $24,25$-$(OH)_2D_3$,使得 25-OHD_3 失活。肾脏内产生的 $1\alpha,25$-$(OH)_2D_3$ 在 CYP24A1 的作用下,一方面可以先在 24 位碳原子上增加一个羟基形成 $1\alpha,24,25$-$(OH)_3D_3$,再使得 $1\alpha,24,25$-$(OH)_3D_3$ 分解为 VD_3-23 羧酸[16],从而使得 $1\alpha,25$-$(OH)_2D_3$ 失活;另一方面可以先在 23 位碳原子上增加一个羟基形成 $1\alpha,23,25$-$(OH)_3D_3$,使 $1\alpha,23,25$-$(OH)_3D_3$ 变为 $1\alpha,25$-$(OH)_2D_3$-26,23-内酯,从而使 $1\alpha,25$-$(OH)_2D_3$ 失活[17]。

1.1.2　VD 受体

$1\alpha,25$-$(OH)_2D_3$ 是动物体内发挥主要功能的 VD,虽然 25-OHD_3 也具有一定功能,但其作用强度比 $1\alpha,25$-$(OH)_2D_3$ 要弱很多。$1\alpha,25$-$(OH)_2D_3$ 随着血液循环到达

靶细胞,由于 VD 是脂溶性维生素,因此其可以通过自由扩散的方式穿过靶细胞膜进入靶细胞内。$1\alpha,25\text{-}(OH)_2D_3$ 在靶细胞内发挥作用需要 VD 受体(VDR)进行介导。VDR 是一类典型的核受体家族成员之一,这类核受体家族成员还包括了维甲酸、甲状腺激素、雌二醇、孕酮、睾酮、皮质醇和醛固酮的受体等[16]。第一次对 VDR 进行描述的是 Haussler 等,他们在鸡的肠道内发现了一种与 VD 具有高度亲和力的蛋白,并且高浓度的 VD 能够使这种蛋白饱和[18]。但是,当时并不清楚此种蛋白的分子量,更不清楚蛋白的结构及功能。

VDR 大部分分布于细胞核内,小部分分布于细胞质基质内,比如在原代培养的小鼠支持细胞和支持细胞系 TM4 内[19],VDR 在细胞质与细胞核内都有表达。$1\alpha,25\text{-}(OH)_2D_3$ 与细胞核内的 VDR 结合后会激活 VDR,然后 VDR 与维甲酸 X 受体(RXR)结合形成二聚体,此二聚体结合在目的基因的启动子处,能够调节基因组上目标序列的基因转录[20,21]。另一方面 $1\alpha,25\text{-}(OH)_2D_3$ 也能与细胞质基质内的 VDR 进行结合,以介导快速的非基因效应[20,22]。

对于机体组织细胞 VDR 的研究多利用 mRNA 原位杂交、放射自显影、蛋白免疫组化等试验[23-25]。通过对 VDR 在组织细胞内的定位与定量分析,发现在人体内,每一种器官都检测到了 VDR 的表达,并且几乎所有细胞都表达了 VDR,只是表达量上有差异。只有极少数组织或细胞不表达或低表达 VDR,比如红细胞、成熟的条纹肌细胞、一些高度分化的脑细胞等[26]。VDR 的表达如此的广泛,说明了 VD 内分泌系统功能的多样性。与此同时,有学者也对人 VDR 的结构进行了详细研究,人 VDR 一般有 427 个氨基酸残基,但目前已经发现许多不同的转录子,不同之处均集中于 5'非翻译区,但是许多转录子使用相同位置的起始密码,因此都能翻译出 427 个氨基酸残基长度的 VDR 蛋白。除了人类,目前在哺乳类、鸟类、两栖类和鱼类里都已经发现了 VDR,并且在不同物种中 VDR 的结构、配体结合结构域以及功能都高度相似。

1.2　VD 与生殖

关于 VD 的研究多集中在 VD 与骨骼健康的关系,以及在肠和肾内钙运输中 VD 所发挥的作用,目前 VD 在这些功能上的作用机理已经研究得非常清楚。但是越来越多的研究发现,VDR 在许多动物的生殖系统内有表达,且 VD 对于动物生殖功能也有一定的影响。

1.2.1　VDR 在生殖系统中的表达

1.2.1.1　VDR 在睾丸中的表达

Kream 等证实了大鼠睾丸细胞内有特异的 $1\alpha,25\text{-}(OH)_2D_3$ 高亲和力结合的位点[27]，通过放射自显影等技术发现小鼠与大鼠的睾丸中都存在 VDR，并且主要存在于幼鼠的组织内[28,29]。在成熟大鼠的曲精小管与曲精小管之间的间隙内也有 VDR 的存在，并且存在的量差不多[30]。进一步研究认为，啮齿动物支持细胞是 VDR 主要存在的地方，且只存在于小鼠支持细胞的细胞核内，VDR 在生精细胞的细胞质内稀疏存在，因此支持细胞被认为是啮齿动物睾丸内主要的 VD 靶细胞[31-34]。这个观点存在一定争议，在 9 月龄大鼠睾丸的精原细胞、支持细胞和精母细胞内均发现 VDR 的存在[35]。在 8 周龄小鼠的精原细胞与支持细胞内也有 VDR 基因表达[36]。另外，VDR 在公鸡精原细胞、精母细胞与支持细胞内也被检测到[37]。在大量的针对 VDR 的试验中，用于免疫组化(IHC)与免疫细胞化学(ICC)所使用的 VDR 抗体是不一样的，可能会因此造成试验结果的差异，导致 VDR 在器官内的定位不同。因为 VDR 在睾丸内有表达，研究者们便猜测 VD 对睾丸细胞是否发挥作用。生精细胞中存在典型的被 VD 调节的基因，如钙结合蛋白、芳香化酶等，因此，有学者认为成年动物生精细胞内的 VDR 是有功能的[38,39]。

不同于睾丸支持细胞与生精细胞，睾丸间质细胞内是否存在 VDR 是存在争议的。间质细胞内有 VDR 的表达，是 VD 直接作用于间质细胞的前提条件。Levy 等早在 20 世纪 80 年代便发现在分离的成年大鼠睾丸间质细胞内有 VDR 存在[30]，但这个结果被后续的研究质疑了。有研究通过免疫组化发现 VDR 在啮齿类动物曲精小管内的细胞中有表达，间质细胞内无 VDR 表达[29,35,40]。这些研究支持了支持细胞与生精细胞才是睾丸内 VD 的靶细胞的观点。另外，一项通过免疫组化对人类睾丸样品进行的研究也发现间质细胞内没有 VDR 表达[41]。但是也有研究支持睾丸间质细胞内存在 VDR，一些免疫组化研究发现，在人、公鸡和小鼠的间质细胞内都可以检测到 VDR 的表达[33,36,37]。并且还有研究表明，在大鼠间质细胞内有 *VDR* mRNA 存在，其含量与支持细胞内含量相当[42]。这些试验结果的差异暗示 VDR 在不同物种的间质细胞内的表达不保守，当然这些差异更有可能是因为不同的抗体特异性、方法选择、动物年龄不同等引起的。此外，一些间接的试验结果或许能够证明 VDR 可能存在于睾丸间质细胞内，发现 VD 代谢的酶存在于人间质细胞内[32]；间质细胞内表达了受 VD 调节的基因，如钙结合蛋白和钙视网膜蛋白；对鸡的研究表明，当 VD 缺乏时间质细胞内受 VD 调节的基因的转录发生了变化[43]。综上所述，推测 VDR 可能存在于间质细胞中，但受限于动物种类、试验方法和试验的系统性等原因，使得众多试验结果存在一定争议和差别。

1.2.1.2 VDR 在精子细胞中的表达

VDR 除表达于前面所提及的细胞外，也表达于人的精子内[22]。研究表明，在精子发生早期阶段发现了 VDR 表达，说明那时起 *VDR* 就在精子内安静的转录[44,45]。人类的精原细胞和精母细胞中只有部分有 VDR 表达，但是大部分的精子都有表达[33]。体外试验表明，当 $1\alpha,25\text{-}(OH)_2D_3$ 浓度为 1 nmol/L 时，在未成熟的啮齿类支持细胞与射出的人类精子内,能观察到 $1\alpha,25\text{-}(OH)_2D_3$ 的快速的细胞作用[46,47]。精子是一种高度区室化的细胞,每个部位有不同的离子通道和载体,因此功能也不同,VDR 存在于一些特定的部位。现已知的关于人类精子的研究表明,VDR 表达于精子头部顶体后区域、中段和颈部[33,45,48]。但是人精子内 VDR 的表达存在差异,不仅存在个体差异,连同一个体也存在差异。VDR 主要存在于在形态学上正常精子的颈部和头部,在不正常的精子内分布杂乱无章[33]。人类的精子是一种不均质的细胞,即便能生育的男性,精子都有 80% 以上在形态学上不正常,只有很小一部分能接触卵子并使卵子受精[49,50]。VDR 存在于精子的不同部位,可能取决于精子发生与成熟的程度,精子不完全成熟或许会导致 VDR 分布杂乱无章,并可能失去功能[47,51]。

1.2.1.3　VDR 在附睾与卵巢内的表达

目前针对 VDR 在生殖器官内表达的研究主要集中在睾丸与精子上,对于附睾、卵巢等的研究较少。有研究通过免疫组化试验表明,VDR 蛋白存在于人附睾中,且主要表达于附睾管上皮细胞[33],但是研究未说明 VD 是否会对附睾管上皮细胞的功能产生影响。另外,也有研究表明,VDR 蛋白存在于人类的卵巢中,且主要表达于卵泡颗粒细胞内[52]。进一步的研究表明,VD 可以抑制颗粒细胞抗缪勒氏管激素的分泌,从而提高颗粒细胞对于 FSH(促卵泡素)的敏感程度[53]。

1.2.2　VD 与雌激素、雄激素生成的关系

1.2.2.1　VD 与雌激素生成

动物及人体内许多细胞都能够合成雌激素,合成雌激素最重要的一个步骤就是在芳香化酶(CYP19A1)的作用下将雄激素转变为雌激素。VD 对 CYP19A1 和雌激素的调节作用已经在乳房、脂肪组织、骨和性腺中进行了组织和细胞水平的广泛研究。$1\alpha,25\text{-}(OH)_2D_3$ 是一种已知的调节 CYP19A1 基因表达的调节因子,但是因为不同组织内启动子不同,因此 $1\alpha,25\text{-}(OH)_2D_3$ 的调节作用在不同组织内也不同。$1\alpha,25\text{-}(OH)_2D_3$ 引起乳房内 CYP19A1 基因转录抑制,但是对卵巢内 CYP19A1 基因表达有适度的刺激作用,对骨内 CYP19A1 基因表达有强烈刺激作用[54]。由此可见,$1\alpha,25\text{-}(OH)_2D_3$ 对不同组织调节具有特异性。另外,VDR 基因敲除的小鼠与野生型动物相比,睾丸与附睾内 CYP19A1 基因表达水平较低,血清雌激素也较低,但是促性腺激素较高。补充钙后,血清雌激素减少得到逆转,表明低血钙会在一定程度上影响性腺 CYP19A1 基因的表达[42]。

1.2.2.2　VD 与雄激素生成

有研究表明,VD 缺乏的大鼠血清睾酮水平降低,补充 $1\alpha,25\text{-}(OH)_2D_3$ 后,血清睾酮恢复到正常水平[55]。在一项针对 $25\text{-}OHD_3$、$1\alpha,25\text{-}(OH)_2D_3$ 与睾酮分泌关系的研究中,选取 40 岁以上,平均身体质量指数(BMI)25 以上的男性,发现其血清 $25\text{-}OHD_3$ 与睾酮呈正相关。另一项关于 VD 缺乏男性的研究中发现,$25\text{-}OHD_3$ 与睾酮

存在剂量依赖关系,这种剂量依赖关系堪比 VD 与甲状旁腺激素或钙离子吸收间的关系,因为当血清 25-OHD$_3$ 浓度低时,血清睾酮浓度会随 25-OHD$_3$ 浓度的上升而很快地上升,当血清 25-OHD$_3$ 水平在 50~80 nmol/L 或更高时,睾酮开始下降[56]。这可能是由于 25-OHD$_3$ 直接作用于间质细胞,当然也有可能是因为 25-OHD$_3$ 改善了体内由于 VD 缺乏所导致的钙离子稳态变化,进而使得睾酮上升。还有一项临床研究也支持了 VD 对睾酮分泌有促进作用,这项临床研究试验对象平均年龄 48 岁,当补充 VD 后,其睾酮水平从对照组(0.9 nmol/L)上升至试验组(2.7 nmol/L),但造成此结果的原因同样不够清楚[7],不清楚是 VD 的直接刺激作用还是因为补充 VD 改善了体内环境的原因。相反,对更年轻的健康人研究表明,血清 25-OHD$_3$ 与睾酮不相关,但是血清 25-OHD$_3$ 却与性激素结合球蛋白(SHBG)浓度呈正相关[46],可能是因为年轻人身体机能较强,睾酮生成的代偿能力强,因此睾酮生成不会受到 VD 缺乏的影响。但是随着年龄的增长,人身体机能开始下降,睾酮生成的代偿能力减弱,因此,睾酮生成会受到 VD 缺乏的影响。

总之,有充足的试验数据支持 VD 是 CYP19A1 基因表达的一种强有力的调节因子,能够促进雌激素的产生,但是还没有足够的证据表明 VD 对睾酮的产生有刺激作用。

1.2.3　VD 对雄性动物繁殖的影响

1.2.3.1　*VDR* 基因及 VD 代谢相关基因缺失与雄性动物繁殖

因为 VD 要作用于靶细胞,必须与靶细胞上的 VDR 进行结合,因此运用转基因技术制作 *VDR* 基因敲除的动物模型成为研究 VD 功能的一种实用的手段。对于人类而言,*VDR* 基因先天缺陷的病人,即患有遗传性佝偻病的病人,其体内细胞的 VDR 是没有功能的,这些人的生殖能力会降低[57]。有关小鼠 *VDR* 基因敲除的研究表明,VD 对雄性生殖力有积极作用,纯合子 *VDR* 缺失的雄性小鼠无生殖能力[58],而另外两个 *VDR* 基因敲除品种的小鼠却具有生殖能力,不过生殖力降低,窝产仔数也少[59-61]。*VDR* 敲除的小鼠,其雄性的睾丸组织结构正常,但其靶细胞对 1α,25-(OH)$_2$D$_3$ 不发生反应,这可能是因为 1α,25-(OH)$_2$D$_3$ 受体缺乏所致[62,63]。但有的研究表明 *VDR* 基因敲除小鼠睾丸结构并不正常,10 周龄 *VDR* 敲除小鼠相对于对照组,曲精小管与附睾管的管腔直径增大,上皮厚度变小[64]。管腔直径增大可能是因为睾丸与附睾对水的重吸收减少而导致液体积聚,因为雄性生殖道内水的重吸收主要受雌激素调控,而合成雌激素的 CYP19A1 基因的表达与活性在 *VDR* 敲除小鼠的睾丸与附睾内都有降低,这造成了血清内雌二醇浓度降低[64,65]。同时此研究也表明 *VDR* 敲除小鼠血清内 FSH 浓度也降低了,但是当补充钙后,FSH 水平恢复正常,随之雌二醇水平也恢复正常。这说明 *VDR* 敲除会导致低血钙,由于低钙血症导致生殖力降低,但是通过补钙可以有一定帮助。另外,相对于野生型小鼠,*VDR* 敲除的小鼠精液内精子密度降低 50%,小鼠精子活率也由 50%~60% 降低为 15%。随着年龄的增大,小鼠精子活率会继续降低,10 周龄以后,只有 1% 的精子在运动。同时,15 周龄的小鼠几乎检测不到精子的发生,而 VDR 敲除小鼠对睾酮浓度没有任何影响[64]。

同样,参与 VD 合成的 CYP27B1 基因敲除的小鼠也无生殖能力,但是睾丸结构正常[65],这可能是因为小鼠体内无法合成 $1\alpha,25$-$(OH)_2D_3$ 导致的。参与 VD 降解的 CYP24A1 基因敲除的小鼠会发生高血钙,50% 的纯合子突变会在 3 周龄以前死亡,死亡原因或许是高血钙,那些存活到成年的小鼠具有繁殖力,但是在一些器官内有矿物质沉积[66],这可能是因为 CYP24A1 基因敲除后,小鼠无法降解掉 $1\alpha,25$-$(OH)_2D_3$,导致机体过分刺激钙离子吸收。

1.2.3.2　VD 缺乏与雄性动物繁殖

如果不通过 VDR 敲除来间接评估 VD 对生殖的作用,而是直接评估 VD 缺乏对于生殖功能的影响是较为困难的,因为动物体内 VD 降低造成的生殖能力降低,会受其他因素影响。比如,当体内 VD 含量低时,会造成低钙血症,低钙血症对生殖的影响也并不十分清楚。当分析动物和人类研究得来的数据时,VD 缺乏与低钙血症之间的关联总是会被考虑到[59,67,68],因此,目前也没有充足、直接的证据表明 VD 缺乏会对生殖有直接影响。

在对人的研究中,有两项研究探讨了血清 25-OHD₃ 与精液品质及与生殖激素的关系。有研究表明,年轻人血清内 25-OHD₃ 浓度与精子活率、精子数目、精子形态、抑制素 B、FSH 等都不相关[69],这有可能是样本数量少导致的,因为 VD 缺乏的人相对少,大多数人血清 25-OHD₃ 是中等水平,这样导致数据分布不够均衡。另外的研究表明了血清 25-OHD₃ 水平与精子活率呈正相关,血清 25-OHD₃ 水平上升会使得正常形态的精子比率和精子活率上升[46]。还有研究表明 VD 缺乏的人其表型与 VD 缺乏的动物以及 VDR 基因敲除的小鼠一样,表现出能运动的精子比例减少[47,59],出现此表型也许是 VD 直接调控的,因为 $1\alpha,25$-$(OH)_2D_3$ 能调节体外培养的人精子的活率。

也有动物试验支持 VD 与雄性动物生殖的关系,对 VD 缺乏大鼠研究表明,VD 缺乏导致大鼠精子数量下降,运动能力降低,使雌性大鼠怀孕概率减小,雌性大鼠怀孕后窝产仔数也减少。这些结果表明 VD 对于精子质量很重要,并且研究表明 VD 缺乏造成的功能丧失不能通过补钙恢复[47],与此一致的是,对美洲虎、猪和小鼠的研究中也表明添加 VD 后会使得精子形态和活率得以改善[36,70,71]。

1.2.4　VD 对雌性动物繁殖的影响

1.2.4.1　VDR 基因缺失与雌性动物繁殖

现已知 VDR 蛋白表达于人类的卵巢[72]、子宫及胎盘中[73],因此学者们利用

VDR 基因敲除小鼠来进一步研究 VD 对雌性动物繁殖的影响。通过对 VDR 基因敲除的小鼠进行研究,人们发现 VDR 基因敲除的小鼠对促性腺激素的应答减弱,卵巢卵泡颗粒细胞内芳香化酶活性降低、子宫发育不全、卵泡形成减少,并且妊娠率和窝产仔数均显著减少。VDR 基因敲除小鼠的这些表型能通过补钙来部分恢复,但是仍然存在一些重要的繁殖问题,比如窝产仔数少、妊娠率低、流产等[60]。另外,VD 生成关键酶 1α-羟化酶基因敲除的雌性小鼠也表现为卵泡发育减少、子宫发育不全、不孕等症状[61,74]。这两项试验也从侧面间接地表明了 VD 对雌性动物生殖具有积极的影响。

1.2.4.2　VD 缺乏与雌性动物繁殖

女性是否缺乏 VD 是医学上较为关心的问题,因为女性缺乏 VD 会加剧妊娠期及更年期的各种问题[75,76]。针对女性血液内 VD 含量的一项研究选取了 20～49 岁的育龄妇女,研究结果表明,88% 的妇女血液内 VD（25-OHD$_3$）不足,低于 20 ng/mL[77]。这些妇女有可能面临不孕的问题,因为最近一项针对 70 名不孕女性的研究表明,有 64.28% 的女性血液内 VD 不足[78]。另两项研究表明,即便在孕妇群体内也有 40%～60% 的人血液内 VD 不足[79,80]。有的研究甚至表明,孕妇中缺乏 VD 的人群比例甚至高于非孕妇人群[81,82]。严重缺乏 VD 的孕妇可能会面临妊娠期高血压、子痫[83]、心脏病[84]等问题,甚至早产[85,86]。对于缺乏 VD 的孕妇,可以考虑摄入 VD 补充剂或者是增加晒太阳的时间。有一项针对 87 名 VD 缺乏孕妇的研究表明,对于补充 VD 而言,摄入 VD 补充剂的效果要明显好于晒太阳[87]。

抗缪勒氏管激素是由卵巢卵泡颗粒细胞分泌的,它可以有效抑制颗粒细胞对 FSH 刺激的敏感性,从而抑制卵泡的发育。在人卵巢卵泡颗粒细胞中,VD 可以抑制抗缪勒氏管激素的分泌,从而提高颗粒细胞对于 FSH 的敏感程度,也可以促进颗粒细胞孕酮的分泌,这说明 VD 在卵泡的发育以及黄体化过程中或许发挥了重要的作用[88]。VD 刺激颗粒细胞产生孕酮,而更多的孕酮可以为受精卵的着床提供帮助,这或许能提高雌性动物的受胎率。不仅如此,$1\alpha,25\text{-}(OH)_2D_3$ 还能够促进绒毛膜促性腺激素的合成以及分泌,能促进钙在胎盘部位的运输,刺激胎盘催乳素的生成。这一系列的证据都表明 VD 可能会对雌性动物胚胎的着床以及胚胎发育有积极的作用。流行病学研究发现受孕率在北方国家的夏季达到峰值[89],这是一个很有意义的研究成果,因为夏季正好是阳光最强烈、日照时间最长的时候,此时体内 VD 水平相对较高,而此时刚好受孕率也较高,这也间接地证明 VD 对雌性动物的生殖具有积极的作用。

一些不孕不育的女性需要借助试管婴儿技术来繁育后代,在超数排卵的时候,对患者注射促性腺激素后,血清内雌二醇水平的提高与血清内 $1\alpha,25\text{-}(OH)_2D_3$ 显著相关[90]。在另外一项针对接受试管婴儿的患者的研究中,发现卵泡液内 25-OHD$_3$ 水平低于 50 nmol/L 的患者,其妊娠的成功率以及胚胎的着床率都会显著低于卵泡液内 25-OHD$_3$ 水平在 50～75 nmol/L 的患者[91,92]，但是 VD 水平过高也不利于提高试管婴儿的成功率[93,94]。这几项报道进一步证明了 VD 与雌性生殖功能的关系。

VD 与某些女性生殖系统疾病可能存在关系，多囊卵巢综合征是一种较为常见的女性生殖系统疾病[95]，患有此病的女性原始卵泡发育增多，但是优势卵泡发育受阻，这样会导致卵巢上大量卵泡发育，但是无法排卵，卵巢上存在大量卵泡，引起卵巢肿胀。令人惊讶的是，70%左右的患病女性血清内 VD 水平都较低，血清内 25-OHD$_3$ 浓度低于 50 nmol/L[96]。鉴于此，有研究人员对多囊卵巢综合征的病人进行 VD 治疗，每周补充 VD，持续补充 24 周。结果发现，许多闭经、月经稀发患者的症状得到了明显的改善[97]。

VD 对雌性动物生殖功能也有积极的影响，Uhland 等[98]针对大鼠的研究发现，在 VD 充足的试验组，大鼠有着最高的健康怀孕比例，也有着最高的窝产仔数，而与高 VD 水平的大鼠比起来，VD 缺乏的大鼠没有达到可以繁殖的水平。在这个试验中需要注意的是因为 VD 促进钙的吸收，所以高 VD 组的大鼠血清内钙离子水平比低 VD 组的大鼠血清内钙离子水平要高。但是当 VD 缺乏的大鼠血清钙离子水平通过补充而达到正常后，怀孕的比例却并没有提高。VD 充足的大鼠怀孕的概率是 VD 缺乏且低血钙的大鼠的 3 倍，是 VD 缺乏但血钙正常的大鼠的 2 倍，该研究直接证明了 VD 对雌性动物生殖的重要性，这种重要性的作用是不受血清内钙离子浓度影响的。这项研究具有重要的意义，因为研究 VD 对生殖的影响，避不开的问题就是在试验处理的时候，低 VD 的组别内动物血清内的钙离子浓度会很低，会干扰试验结果的准确性，这项研究合理地解决了这个矛盾，证明了 VD 确实影响雌性动物的妊娠，而且这种促进作用不会受到血清内钙离子浓度的影响[99,100]。另一项针对小鼠的研究表明，当对雌鼠饲喂 VD 缺乏的饮食后，雌鼠的生育指数及胎儿的存活数都会降低[101]。

1.3　本研究的目的与意义

VD 在人及动物生殖方面的研究越来越多，但侧重点也参差不齐，并不全面，且有些研究结果相互矛盾或存在一定争议，例如 VD 与生殖激素的相关性、VD 的作用受体 VDR 是否存在于睾丸间质细胞等。

鉴于目前关于 VD 与绵羊生殖的关系研究较少，而绵羊作为重要的经济动物和实验动物，以其作为对象展开试验对丰富 VD 与动物生殖方面的研究具有很大的应用价值和科研意义，因此，将选用绵羊作为研究对象，采用酶联免疫、免疫组化、荧光定量、Western、细胞培养及转录组测序等技术，系统地研究 VD 与绵羊生殖方面的潜在关系，并对现有争议的研究结果进行佐证，进而为 VD 在绵羊繁殖中的应用提供一定的试验数据和理论依据。

参考文献

[1] MCCOLLUM E V, SIMMONDS N, PITZ W. The relation of unidentified dietary factors, the fat-soluble A and water-soluble B of the diet to the growth promoting properties of milk[J]. The Journal of Biological Chemistry, 1916, 27: 33-38.

[2] MELLANBY E, CANTAG M D. Experimental investigation on rickets[J]. Lancet, 1919, 196: 407-412.

[3] HESS A. Influence of light on the prevention of rickets[J]. Lancet, 1922, 2: 1222.

[4] WINDAUS A, LINSERT O. Vitamin D_1[J]. Annual Chemistry, 1928, 465: 148.

[5] CHENG J B, LEVINE M A, BELL N H, et al. Genetic evidence that the human CYP2R1 enzyme is a key vitamin D 25-hydroxylase[J]. Proceedings of the National Academy of Sciences of the United States of America, 2004, 101: 7711-7715.

[6] TOM D, THACHER M D, MICHAEL A, et al. CYP2R1 mutations causing vitamin D-deficiency rickets[J]. The Journal of Steroid Biochemistry and Molecular Biology, 2017, 173:333-336.

[7] BLOMBERG J M. Vitamin D metabolism, sex hormones, and male reproductive function[J]. Reproduction, 2012, 144: 135-152.

[8] EHRHARDT M, GERBER A, HANNEMANN F, et al. Expression of human CYP27A1 in B megaterium for the efficient hydroxylation of cholesterol, vitamin D_3 and 7-dehydrocholesterol [J]. Journal of Biotechnology, 2016, 218: 34-40.

[9] PRADER A, ILLIG R, HEIERLE E. An unusual form of primary vitamin D-resistant rickets with hypocalcemia and autosomaldominant hereditary transmission: hereditary pseudo-deficiency rickets[J]. Helvetica Paediatrica Acta, 1961, 16: 452-468.

[10] ARNAUD R, MESSERLIAN S, MOIR J M, et al. The 25-hydroxyvitamin D 1-α-hydroxylase gene maps to the pseudovitamin D-deficiency rickets (PDDR) disease locus[J]. Journal of Bone and Mineral Research, 1997, 12: 1552-1559.

[11] TAKEYAMA K, KITANAKA S, SATO T, et al. 25-Hydroxyvitamin D_3 1α-hydroxylase and vitamin D synthesis[J]. Science, 1997, 277: 1827-1830.

[12] COOKE N E, HADDAD J G. Vitamin D binding protein (Gc-globulin)[J]. Endocrine Reviews, 1989, 10: 294-307.

[13] OHYAMA Y, NOSHIRO M, OKUDA K. Cloning and expression of cDNA encoding 25-hydroxy vitamin D_3-24-hydroxylase[J]. FEBS Letters, 1991, 278: 195-198.

[14] CHEN K S, PRAHL J M, DELUCA H F. Isolation and expression of human 1,25-dihydroxyvitamin D_3 24-hydroxylase cDNA[J]. Proceedings of the National Academy of Sciences of the United States of America, 1993, 90: 4543-4547.

[15] BOUILLON R, CARMELIET G, VERLINDEN L, et al. Vitamin D and human health: lessons from vitamin D receptor null mice[J]. Endocrine Reviews, 2008, 29(6): 726-776.

[16] CARLBERG C. Mechanisms of nuclear signalling by vitamin D_3. Interplay with retinoid and thyroid hormone signaling[J]. European Journal of Biochemistry, 1995, 231: 517-527.

[17] DAVID E P, GLENVILLE J. Enzymes involved in the activation and inactivation of vitamin D [J]. Trends in Biochemical Sciences, 2004, 29(12): 664-673.

[18] HAUSSLER M R, NORMAN A W. Chromosomal receptor for a vitamin D metabolite[J]. Proceedings of the National Academy of Sciences of the United States of America, 1969, 62: 155-162.

[19] AKERSTROM V L, WALTERS M R. Physiological effects of 1,25-dihydroxyvitamin D_3 in TM4 Sertoli cell line[J]. American Journal of Physiology, 1992, 262: 884-890.

[20] HAUSSLER M R, JURUTKA P W, MIZWICKI M, et al. Vitamin D receptor (VDR)-mediated actions of $1\alpha,25\text{-}(OH)_2D_3$: genomic and nongenomic mechanisms[J]. Clinical Endocrinology and Metabolism, 2011, 25: 543-559.

[21] VERSTUYF A, CARMELIET G, BOUILLON R, et al. Vitamin D: a pleiotropic hormone [J]. Kidney International, 2010, 78: 140-145.

[22] BLOMBERG J M, DISSING S. Non-genomic effects of vitamin D in human spermatozoa[J]. Steroids, 2012, 77: 903-909.

[23] CLEMENS T L, GARRETT K P, ZHOU X Y, et al. Immunocytochemical localization of the 1,25-dihydroxy vitamin-D_3 receptor in target cells [J]. Endocrinology, 1988, 122: 1224-1230.

[24] HAUSSLER M R, WHITFIELD G K, HAUSSLER C A, et al. The nuclear vitamin D receptor: Biological and molecular regulatory properties revealed[J]. Journal of Bone and Mineral Research, 1998, 13: 325-349.

[25] STUMPF W E, SAR M, CLARK S A, et al. Brain target sites for 1,25-dihydroxyvitamin D_3 [J]. Science, 1982, 215: 1403-1405.

[26] EYLES D W, SMITH S, KINOBE R, et al. Distribution of the vitamin D receptor and 1α-hydroxy-lase in human brain[J]. Journal of Chemical Neuroanatomy, 2005, 29: 21-30.

[27] KREAM B E, YAMADA S, SCHNOES H K, et al. Specific cytosolbinding protein for 1,25-dihydroxy vitamin D_3 in rat intestine[J]. Journal of Biological Chemistry, 1977, 252: 4501-4505.

[28] MERKE J, KREUSSER W, BIER B, et al. Demonstration and characterisation of a testicular receptor for 1,25-dihydroxycholecalciferol in the rat[J]. European Journal of Biochemistry, 1983, 130: 303-308.

[29] MERKE J, HUGEL U, RITZ E. Nuclear testicular 1,25-dihydroxyvitamin D_3 receptors in Sertoli cells and seminiferous tubules of adult rodents[J]. Biochemical and Biophysical Research Communications, 1985, 127: 303-309.

[30] LEVY F O, EIKVAR L, JUTTE N H, et al. Appearance of the rat testicular receptor for calcitriol (1,25-dihydroxyvitamin D_3) during development[J]. Journal of Steroid Biochemistry, 1985, 23: 51-56.

[31] SCHLEICHER G, PRIVETTE T H, STUMPF W E. Distribution of soltriol [1,25(OH)$_2$D$_3$] binding sites in male sex organs of the mouse: an autoradiographic study[J]. Journal of Histochem-

istry and Cytochemistry, 1989, 37: 1083-1086.

[32] BLOMBERG J M, ANDERSEN C B, NIELSEN J E, et al. Expression of the vitamin D receptor, 25-hydroxylases, 1-hydroxylase and 24-hydroxylase in the human kidney and renal clear cell cancer [J]. Journal of Steroid Biochemistry and Molecular Biology, 2010, 121: 376-382.

[33] BLOMBERG J M, NIELSEN J E, JØRGENSEN A, et al. Vitamin D receptor and vitamin D metabolizing enzymes are expressed in the human male reproductive tract[J]. Human Reproduction, 2010, 25: 1303-1311.

[34] ZANATTA L, ZAMONER A, ZANATTA A P, et al. Nongenomic and genomic effects of 1,25(OH)$_2$ vitamin D$_3$ in rat testis[J]. Life Sciences, 2011, 89: 515-523.

[35] JOHNSON J A, GRANDE J P, ROCHE P C, et al. Immunohistochemical detection and distribution of the 1,25-dihydroxyvitamin D$_3$ receptor in rat reproductive tissues[J]. Histochemistry and Cell Biology, 1996, 105: 7-15.

[36] HIRAI T, TSUJIMURA A, UEDA T, et al. Effect of 1,25-dihydroxyvitamin D on testicular morphology and gene expression in experimental cryptorchid mouse: testis specific cDNA microarray analysis and potential implication in male infertility[J]. Journal of Urology, 2009, 181: 1487-1492.

[37] OLIVEIRA A G, DORNAS R A, KALAPOTHAKIS E, et al. Vitamin D$_3$ and androgen receptors in testis and epididymal region of roosters (Gallus domesticus) as affected by epididymal lithiasis[J]. Animal Reproduction Science, 2008, 109: 343-355.

[38] KAGI U, CHAFOULEAS J G, NORMAN A W, et al. Developmental appearance of the Ca^{2+} binding proteins parvalbumin, calbindin D-28K, S-100 proteins and calmodulin during testicular development in the rat[J]. Cell and Tissue Research, 1988, 252: 359-365.

[39] 李世林, 王行环, 王怀鹏, 等. TRPM 及 TRPV 家族 mRNA 在大鼠生精细胞中的表达[J]. 南方医科大学学报, 2008, 28(12): 2150-2153.

[40] STUMPF W E, SAR M, CHEN K, et al. Sertoli cells in the testis and epithelium of the ductuli efferentes are targets for 3H 1,25-(OH)$_2$ vitamin D$_3$. An autoradiographic study[J]. Cell and Tissue Research, 1987, 247: 453-455.

[41] BREMMER F, THELEN P, POTTEK T, et al. Expression and function of the vitamin d receptor in malignant germ cell tumour of the testis[J]. Anticancer Research, 2012, 32: 341-349.

[42] ZANATTA L, BOURAÏMA L H, DELALANDE C, et al. Regulation of aromatase expression by 1α,25-(OH)$_2$ vitamin D$_3$ in rat testicular cells[J]. Reproduction, Fertility, and Development, 2011, 23: 725-735.

[43] INPANBUTR N, REISWIG J D, BACON W L, et al. Effect of vitamin D on testicular CaBP28K expression and serum testosterone in chickens[J]. Biology of Reproduction, 1996, 54: 242-248.

[44] NANGIA A K, BUTCHER J L, KONETY B R, et al. Association of vitamin D receptors with the nuclear matrix of human and rat genitourinary tissues[J]. Journal of Steroid Bio-

chemistry and Molecular Biology, 1998, 66: 241-246.

[45] CORBETT S T, HILL O, NANGIA A K. Vitamin D receptor found in human sperm[J]. U-rology, 2006, 68: 1345-1349.

[46] BLOMBERG J M, BJERRUM P J, JESSEN T E, et al. Vitamin D is positively associated with sperm motility and increases intracellular calcium in human spermatozoa[J]. Human Reproduction, 2011, 26: 1307-1317.

[47] BLOMBERG J M, JØRGENSEN A, NIELSEN J E, et al. Expression of the vitamin D metabolizing enzyme CYP24A1 at the annulus of human spermatozoa may serve as a novel marker of semen quality[J]. International Journal of Andrology, 2012, 31: 1501-1506.

[48] AQUILA S, GUIDO C, PERROTTA I, et al. Human sperm anatomy: ultrastructural localization of 1a,25-dihydroxyvitamin D receptor and its possible role in the human male gamete [J]. Journal of Anatomy, 2008, 213: 555-564.

[49] SKAKKEBAEK E, GIWERCMAN A, KRETSER D. Pathogenesis and management of male infertility[J]. Lancet, 1994, 343: 1473-1479.

[50] IKAWA M, INOUE N, BENHAM A M. Fertilization: a sperm's journey to and interaction with the oocyte[J]. Journal of Clinical Investigation, 2010, 120: 984-994.

[51] JIMENEZ C, MICHELANGELI F, HARPER C V, et al. Calcium signalling in human spermatozoa: a specialized toolkit of channels, transporters and stores[J]. Human Reproduction, 2006, 12: 253-267.

[52] PARIKH G, VARADINOVA M, SUWANDHI P, et al. Vitamin D regulates steroidogenesis and insulinlike growth factor binding protein1 (IGFBP1) production in human ovarian cells [J]. Hormone and Metabolic Research, 2010, 42(10): 754-757.

[53] HOLICK F, CHEN T C. Vitamin D deficiency: a worldwide problem with health consequences[J]. American Journal of Clinical Nutrition, 2008, 87: 1080-1086.

[54] KRISHNAN A V, SWAMI S, PENG L, et al. Tissue selective regulation of aromatase expression by calcitriol: implications for breast cancer therapy[J]. Endocrinology, 2010, 151: 32-42.

[55] LUNDQVIST J, NORLIN M, WIKVALL K, et al. Dihydroxyvitamin D exerts tissue-specific effects on estrogen and androgen metabolism[J]. Biochimica et Biophysica Acta, 2011, 1811: 263-270.

[56] NIMPTSCH K, PLATZ E A, WILLETT W C, et al. Association between plasma 25-OH vitamin D and testosterone levels in men[J]. Clinical Endocrinology, 2012, 77: 106-112.

[57] DENT C E, HARRIS H. Hereditary forms of rickets and osteomalacia[J]. Journal of Bone and Joint Surgery, 1956, 38: 204-226.

[58] YOSHIZAWA T, HANDA Y, UEMATSU Y, et al. Mice lacking the vitamin D receptor exhibit impaired bone formation, uterine hypoplasia and growth retardation after weaning[J]. Nature Genetics, 1997, 16: 391-396.

[59] BLOMBERG J M. Vitamin D and male reproduction[J]. Nature Review Endocrinology, 2014, 10(3): 175-186.

［60］JOHNSON L E, DELUCA H F. Vitamin D receptor null mutant mice fed high levels of calcium are fertile［J］. Journal of Nutrition, 2001, 31: 1787-1791.

［61］KOVACS C S, WOODLAND M L, FUDGE N J, et al. The vitamin D receptor is not required for fetal mineral homeostasis or for the regulation of placental calcium transfer in mice ［J］. American Journal of Physiology Endocrinology and Metabolism, 2005, 289: 133-144.

［62］MALLOY P J, HOCHBERG Z, TIOSANO D, et al. The molecular basis of hereditary 1,25-dihydroxy vitamin D_3 resistant rickets in seven related families［J］. Journal of Clinical Investigation, 1990, 86: 2071-2079.

［63］HAWA N S, COCKERILL F J, VADHER S, et al. Identification of a novel mutation in hereditary vitamin D resistant rickets causing exon skipping［J］. Clinical Endocrinology, 1996, 45: 85-92.

［64］KINUTA K, TANAKA H, MORIWAKE T, et al. Vitamin D is an important factor in estrogen biosynthesis of both female and male gonads［J］. Endocrinology, 2000, 141(4): 1317-1324.

［65］HESS R A, BUNICK D, LEE K H, et al. A role for oestrogens in the male reproductive system［J］. Nature, 1997, 390: 509-512.

［66］MASUDA S, BYFORD V, ARABIAN A, et al. Altered pharmacokinetics of 1,25-dihydroxyvitamin D_3 and 25-hydroxyvitamin D_3 in the blood and tissues of the 25-hydroxyvitamin D 24 hydroxylase (Cyp24a1) null mouse［J］. Endocrinology, 2005, 146: 825-834.

［67］LIPS P. Vitamin D physiology［J］. Progress in Biophysics and Molecular Biology, 2006, 92: 4-8.

［68］SOOD S, REGHUNANDANAN R, REGHUNANDANAN V, et al. Effect of vitamin D repletion on testi-cular function in vitamin D-deficient rats［J］. Annals of Nutrition and Metabolism, 1995 39: 95-98.

［69］RAMLAU C H, MOELLER U K, BONDE J P, et al. Are serum levels of vitamin D associated with semen quality. Results from a cross-sectional study in young healthy men［J］. Fertility and Sterility, 2011, 95: 1000-1004.

［70］AUDET I, LAFOREST J P, MARTINEAU G P, et al. Effect of vitamin supplements on some aspects of performance, vitamin status, and semen quality in boars［J］. Journal of Animal Science, 2004, 82: 626-633.

［71］DA P, MORATO G R, CARCIOFI A C, et al. Influence of nutrition on the quality of semen in Jaguars in Brazilian zoos［J］. International Zoology Yearbook, 2006, 40: 351-359.

［72］THUESEN B, HUSEMOEN L, FENGER M, et al. Determinants of vitamin D status in a general population of Danish adults［J］. Bone, 2011, 50: 605-610.

［73］FROST M, ABRAHAMSEN B, NIELSEN T, et al. Vitamin D status and PTH in young men: a cross-sectional study on associations with bone mineral density, body composition and glucose metabolism［J］. Clinical Endocrinology, 2010, 73: 573-580.

［74］MOSEKILDE L, NIELSEN L R, LARSEN E R, et al. Vitamin D deficiency definition and prevalence in Denmark［J］. Ugeskrift for Laeger, 2005, 167: 29-33.

［75］FRANASIAK J M, LARA E E, PELLICER A. Vitamin D in human reproduction［J］. Current Opinion in Obstetrics and Gynecology, 2017, 29(4): 189-194.

［76］ANINDITA N. Vitamin D in male and female reproduction［J］. Extraskeletal Effects of Vitamin D, 2018, 4: 183-204.

［77］NIGHAT Y S, MONIKA J, UMESH K. Status of serum vitamin D and calcium levels in women of reproductive age in national capital territory of India［J］. Indian Journal of Endocrinology and Metabolism, 2017, 21: 731-733.

［78］LATA I, TIWARI S, GUPTA A, et al. To study the vitamin D levels in infertile females and correlation of vitamin D deficiency with AMH levels in comparison to fertile females［J］. Journal of Human Reproductive Sciences, 2017, 10(2): 86-90.

［79］HEYDENA E L, WIMALAWANSA S J. Vitamin D: Effects on human reproduction, pregnancy, and fetal well-being［J］. The Journal of Steroid Biochemistry and Molecular Biology, 2018, 180 (6): 41-50.

［80］PEREIRA S M, QUEIROZ C G, DAVID C R, et al. Vitamin D deficiency and associated factors among pregnant women of a sunny city in northeast of Brazil［J］. Clinical Nutrition ESPEN, 2018, 23: 240-244.

［81］SANDRA G, ALEXANDER S, NORMAN B, et al. Higher prevalence of vitamin D deficiency in German pregnant women compared to non-pregnant women［J］. Archives of Gynecology and Obstetrics, 2017, 296(1): 43-51.

［82］RICHARD A, ROHRMANN S. Prevalence of vitamin D deficiency and its associations with skin color in pregnant women in the first trimester in a sample from Switzerland［J］. Nutrients, 2017, 9(3): 260.

［83］ALI A M, ALOBAID A, MALHIS T N, et al. Effect of vitamin D_3 supplementation in pregnancy on risk of pre-eclampsia-Randomized controlled trial［J］. Clinical Nutrition, 2019, 38 (2): 557-563.

［84］GLACKIN S, MAYNE P, KENNY D, et al. Dilated cardiomyopathy secondary to vitamin D deficiency and hypocalcaemia in the Irish paediatric population: a case report［J］. Irish Journal of Medical, 2017, 110(3): 535.

［85］JAO J, FREIMANIS L, MUSSI P M, et al. Severe vitamin D deficiency in human immunodeficiency virus-infected pregnant women is associated with Preterm Birth［J］. American Journal of Pediatric Hematology, 2017, 34(5): 486-492.

［86］CHEN Y H, FU L, HAO J H, et al. Influent factors of gestational vitamin D deficiency and its relation to an increased risk of preterm delivery in Chinese population［J］. Scientific Reports, 2018, 8(1): 3608.

［87］HAJHASHEMI M, KHORSANDI A, HAGHOLLAHI F. Comparison of sun exposure versus vitamin D supplementation for pregnant women with vitamin D deficiency［J］. The Journal of Maternal Fetal and Neonatal Medicine, 2019, 32(8): 65-71.

［88］MERHI Z, DOSWELL A, KREBS K, et al. Vitamin D alters genes involved in follicular development and steroidogenesis in human cumulus granulosa cells[J]. Journal of Clinical Endocrinology and Metabolism, 2014, 99(6): 1137-1145.

[89] ROJANSKY N, BRZEZINSKI A, SCHENKER J G. Seasonality in human reproduction: an update[J]. Human Reproduction, 1992, 7(6): 735-745.

[90] POTASHNIK G, LUNENFELD E, LEVITAS E, et al. The relationship between endogenous oestradiol and vitamin D_3 metabolites in serum and follicular fluid during ovarian stimulation for in vitro fertilization and embryo transfer[J]. Human Reproduction, 1992, 7(10): 1357-1360.

[91] ANIFANDIS G M, DAFOPOULOS K, MESSINI C I, et al. Prognostic value of follicular fluid 25-OH vitamin D and glucose levels in the IVF outcome[J]. Reproductive Biology and Endocrinology, 2010, 8: 91.

[92] ALEYASIN A, HOSSEINI M A, MAHDAVI A, et al. Predictive value of the level of vitamin D in follicular fluid on the outcome of assisted reproductive technology[J]. The European Journal of Obstetrics and Gynecology and Reproductive Biology, 2011, 159(1): 132-137.

[93] BANKER M, SORATHIYA D, SHAH S. Vitamin D deficiency does not influence reproductive outcomes of IVF-ICSI: a study of oocyte donors and recipients[J]. Journal of Human Reproductive Sciences, 2017, 10(2): 79-85.

[94] LAGANÀA S, VITALE S G, BAN F H, et al. Vitamin D in human reproduction: the more, the better? An evidence-based critical appraisal[J]. European Review for Medical and Pharmacological Sciences, 2017, 21(18): 4243-4251.

[95] ASUNCION M, CALVO R M, SAN M J, et al. A prospective study of the prevalence of the polycystic ovary syndrome in unselected Caucasian women from Spain[J]. Journal of Clinical Endocrinology and Metabolism, 2000, 85(7): 2434-2438.

[96] THOMSON R L, SPEDDING S, BUCKLEY J D. Vitamin D in the aetiology and management of polycystic ovary syndrome[J]. Clinical Endocrinology, 2012, 77(3): 343-350.

[97] WEHR E, PIEBER T R, OBERMAYER P B. Effect of vitamin D_3 treatment on glucose metabolism and menstrual frequency in polycystic ovary syndrome women: a pilot study[J]. Journal of Endocrinological Investigation, 2011, 34(10): 757-763.

[98] UHLAND A M, KWIECINSKI G G, DELUCA H F. Normalization of serum calcium restores fertility in vitamin D deficient male rats [J]. Journal of Nutrition, 1992, 122: 1338-1344.

[99] BONDE J P, ERNST E, JENSEN T K, et al. Relation between semen quality and fertility: a population-based study of 430 first-pregnancy planners[J]. Lancet, 1998, 352: 1172-1177.

[100] GENSURE R C, ANTROBUS S D, FOX J, et al. Homologous up-regulation of vitamin D receptors is tissue specific in the rat[J]. Journal of Bone and Mineral Research, 1998, 13: 454-463.

[101] FU L, CHEN Y H, XU S, et al. Vitamin D deficiency impairs testicular development and sperma-togenesis in mice[J]. Reproductive Toxicology, 2017, 73(10): 241-249.

第 2 章　血清 VD 水平与生殖激素间的关系

VD 是一种脂溶性维生素,动物体内的 VD 主要依靠自身合成。皮肤内 7-脱氢胆固醇在紫外线的作用下转变为无生物学活性的 VD_3,VD_3 在肝脏内羟基化转变为 $25\text{-}OHD_3$,后者在肾脏内再一次羟基化转变为 $1\alpha,25\text{-}(OH)_2D_3$[1,2]。$25\text{-}OHD_3$ 和 $1\alpha,25\text{-}(OH)_2D_3$ 都是体内有活性的 VD 形式,$25\text{-}OHD_3$ 和 $1\alpha,25\text{-}(OH)_2D_3$ 往全身运输主要依靠血液循环,血清内 $25\text{-}OHD_3$ 和 $1\alpha,25\text{-}(OH)_2D_3$ 的浓度都处于可以检测的水平。$25\text{-}OHD_3$ 在血清内较为稳定,因此医学上常以血清内 $25\text{-}OHD_3$ 的水平来衡量人体内 VD 的营养水平。有许多试验探究了血清内 $25\text{-}OHD_3$ 的浓度与身体各项指标的相关性,比如血清内 $25\text{-}OHD_3$ 的浓度与促甲状腺激素的相关性[3]、血清内 $25\text{-}OHD_3$ 的浓度与肝炎的相关性[4] 等。随着 VD 与生殖关系研究的深入,血清内 $25\text{-}OHD_3$ 的浓度与动物生殖的相关性也逐渐被揭示。有研究表明,男性血清内 $25\text{-}OHD_3$ 的浓度与生殖激素水平及精子活力具有相关性[5],女性血清内 $25\text{-}OHD_3$ 的浓度与生殖激素水平及试管婴儿的成功率具有相关性[6]。

生殖激素主要由性腺轴分泌,包括了促性腺激素释放激素(GnRH)、促卵泡素(FSH)、促黄体素(LH)、雌二醇(E_2)与睾酮(T)等。这些生殖激素对动物生殖器官的发育、配子的产生以及第二性征的维持起着基础性的作用。如果血清内 VD 水平与生殖激素具有相关性,说明 VD 可能会对生殖功能产生积极的影响。但是对于绵羊而言,血清 VD 水平与生殖激素水平的相关性并不清楚。另外,在绵羊血清内 $25\text{-}OHD_3$ 和 $1\alpha,25\text{-}(OH)_2D_3$ 这两种 VD 形式中的哪一种与生殖激素的相关性更明显也并不清楚。因此,本研究将采集公羊与母羊血液,分离血清,使用酶联免疫技术(ELISA)检测绵羊血清内 $1\alpha,25\text{-}(OH)_2D_3$、$25\text{-}OHD_3$ 和 GnRH、FSH、LH、E_2、T 激素的浓度,以及性激素结合球蛋白(SHBG)的浓度,以探究 $1\alpha,25\text{-}(OH)_2D_3$、$25\text{-}OHD_3$ 与各项生殖激素的相关性,为 VD 与绵羊生殖关系的研究提供一定参考价值。

2.1　材料与方法

2.1.1　试验材料

2.1.1.1　主要仪器
全波长酶标仪(型号:Epoch)、低速离心机(型号:TDL-40B)。

2.1.1.2 主要试剂

绵羊 $1\alpha,25\text{-}(OH)_2D_3$ ELISA 试剂盒、绵羊 $25\text{-}OHD_3$ ELISA 试剂盒、绵羊促性腺激素释放激素(GnRH)ELISA 试剂盒、绵羊促卵泡素(FSH)ELISA 试剂盒、绵羊促黄体素(LH)ELISA 试剂盒、绵羊雌二醇(E_2)ELISA 试剂盒、绵羊睾酮(T)ELISA 试剂盒、绵羊性激素结合球蛋白(SHBG)ELISA 试剂盒。

2.1.2 试验方法

2.1.2.1 样品采集

选取体况相当的健康性成熟绵羊为研究对象,绵羊品种为杜泊绵羊与小尾寒羊杂交后代,其中公羊 37 只,母羊 36 只。颈静脉采血 5 mL,将血液注入 15 mL 离心管内,室温静置 30 min 使血液充分凝固析出血清。然后将离心管 2500 r/min 离心 10 min,吸取上层血清并放入-20 ℃冰箱内备用。

2.1.2.2 激素测定

将存放于-20 ℃冰箱内的血清样品于 4 ℃条件下进行解冻,然后立即使用 ELISA 试剂盒检测血清内 $1\alpha,25\text{-}(OH)_2D_3$、$25\text{-}OHD_3$、GnRH、FSH、LH、T、$E_2$、SHBG 浓度。各指标使用相应的 ELISA 试剂盒,检测方法如下。

(1)用标准品稀释液 2 倍、4 倍、8 倍、16 倍、32 倍、64 倍稀释标准品,制备 6 个梯度的标准品溶液。

(2)在酶标板上设置 1 个空白孔、6 个标准品孔及若干待测样品孔。标准品孔内依次加入 6 个梯度的标准品溶液 50 μL;待测样品孔内先加入样品稀释液 40 μL,然后加入收集的血清样品 10 μL;空白孔不加任何液体。

(3)用封板膜将酶标板封住,封板后置于 37 ℃孵育 30 min。

(4)孵育完成后揭去封板膜,将板内液体弃去,甩干。在空白孔、标准品孔及样品孔内加满用蒸馏水 30 倍稀释后的洗涤液,静置 30 s 后将洗涤液弃去,如此重复洗涤 5 次,最后将板甩干。

(5)标准品孔、样品孔内加入酶标试剂 50 μL,空白孔内不加。封板膜封板后,置于 37 ℃孵育 30 min。

(6)孵育完成后对酶标板进行再次洗涤,洗涤步骤同(4)。

(7)洗涤完成后,空白孔、标准品孔及样品孔内加入显色液 A 50 μL,然后加入显色液 B 50 μL。封板膜封板后,置于 37 ℃避光显色 10 min。

(8)显色完成后,此时孔内液体应为蓝色。揭去封板膜,空白孔、标准品孔及样品孔内加入终止液 50 μL 以终止反应。终止反应后,此时孔内液体应为黄色。

(9)使用酶标仪测定酶标板上各孔 450 nm 处的 OD(吸光度)值。

2.1.2.3 数据处理及统计分析

应用 SPSS 17.0 软件进行统计分析,差异显著性分析的数据表示为平均数±标准误,差异显著性分析采用 t 检验。相关性分析的数据表示为平均数±标准差,相关性分析使用 Pearson 检验。

2.2 结　果

2.2.1　公羊与母羊血清内 VD 水平的比较

对公羊与母羊血清内 $1\alpha,25\text{-}(OH)_2D_3$、$25\text{-}OHD_3$ 浓度进行测定后,血清内 VD 水平的比较结果见图 2.1。如图所示,公羊和母羊血清内 $25\text{-}OHD_3$ 水平都显著高于血清内 $1\alpha,25\text{-}(OH)_2D_3$ 水平($P<0.001$)。公羊血清内 $25\text{-}OHD_3$ 水平比 $1\alpha,25\text{-}(OH)_2D_3$ 水平高约 160 倍。母羊血清内 $25\text{-}OHD_3$ 水平比 $1\alpha,25\text{-}(OH)_2D_3$ 水平高约 190 倍。公羊与母羊血清内 $25\text{-}OHD_3$ 水平差异不显著($P>0.05$)。公羊与母羊血清内 $1\alpha,25\text{-}(OH)_2D_3$ 水平差异不显著($P>0.05$)。表明绵羊对 VD 的营养需求可能没有性别差异,因为 VD 水平在公母羊之间并无差异。

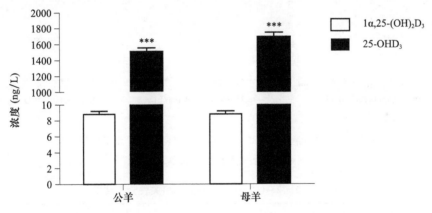

图 2.1　公羊和母羊血清内 VD 水平比较(＊＊＊表示 $P<0.001$,下同)

2.2.2　公羊血清内 VD 水平与生殖激素水平的相关性

对公羊血清内 $1\alpha,25\text{-}(OH)_2D_3$、$25\text{-}OHD_3$、GnRH、FSH、LH、T、SHBG 浓度进行测定后,各指标水平见表 2.1。血清内 $1\alpha,25\text{-}(OH)_2D_3$ 与 $25\text{-}OHD_3$、GnRH、FSH、LH、T、SHBG 相关性如图 2.2 与表 2.2 所示,公羊血清内 $1\alpha,25\text{-}(OH)_2D_3$ 水平与血清内 FSH 和 LH 呈显著正相关($P<0.001$),但是与血清内 $25\text{-}OHD_3$、GnRH、T、SHBG 水平相关性不显著($P>0.05$)。血清内 $25\text{-}OHD_3$ 与 $1\alpha,25\text{-}(OH)_2D_3$、GnRH、FSH、LH、T、SHBG 相关性如图 2.3 与表 2.3 所示,公羊血清内 $25\text{-}OHD_3$ 水平与血清内 T 水平呈显著正相关($P<0.01$),但是与血清内 $1\alpha,25\text{-}(OH)_2D_3$、GnRH、FSH、

LH、SHBG 水平相关性不显著（$P > 0.05$）。

表 2.1 公羊血清内 VD 与各指标水平

公羊 （$n = 37$）	$1\alpha,25\text{-}(OH)_2D_3$ (ng/L)	$25\text{-}OHD_3$ (μg/L)	GnRH (ng/L)	FSH (IU/L)
	8.85 ± 2.56	1.46 ± 0.26	25.89 ± 5.88	6.17 ± 1.63
	LH (ng/L)	T (nmol/L)	SHBG (nmol/L)	
	3.14 ± 0.81	10.76 ± 1.41	6.44 ± 1.23	

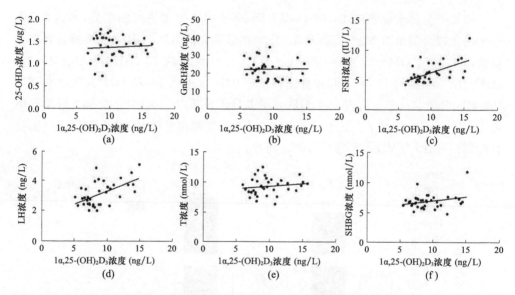

图 2.2 公羊血清内 $1\alpha,25\text{-}(OH)_2D_3$ 水平与各指标水平间的关系

（图中每个圆点代表一只羊，下同）

表 2.2 $1\alpha,25\text{-}(OH)_2D_3$ 与各指标相关性分析结果

	$25\text{-}OHD_3$	GnRH	FSH	LH	T	SHBG
相关系数（r）	0.067	0.024	0.581	0.562	0.154	0.276
P 值	0.693	0.889	**<0.001**	**<0.001**	0.364	0.099

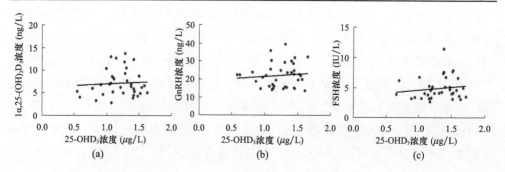

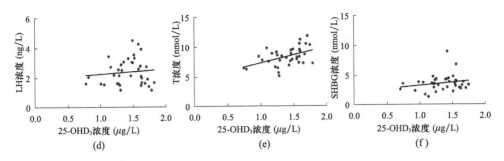

图 2.3　公羊血清内 25-OHD$_3$ 水平与各指标水平间的关系

表 2.3　25-OHD$_3$ 与各指标相关性分析结果

	1α,25-(OH)$_2$D$_3$	GnRH	FSH	LH	T	SHBG
相关系数(r)	0.067	0.097	0.138	0.096	0.455	0.195
P 值	0.693	0.567	0.415	0.570	**0.005**	0.248

2.2.3　母羊血清内 VD 水平与生殖激素水平的相关性

对母羊血清内 1α,25-(OH)$_2$D$_3$、25-OHD$_3$、GnRH、FSH、LH、E$_2$、SHBG 浓度进行测定后,各指标水平见表 2.4。血清内 1α,25-(OH)$_2$D$_3$ 与 25-OHD$_3$、GnRH、FSH、LH、E$_2$、SHBG 相关性如图 2.4 与表 2.5 所示,母羊血清内 1α,25-(OH)$_2$D$_3$ 水平与血清内 25-OHD$_3$、GnRH、FSH、LH、E$_2$、SHBG 水平都呈显著正相关($P<0.001$)。血清内 25-OHD$_3$ 与 1α,25-(OH)$_2$D$_3$、GnRH、FSH、LH、E$_2$、SHBG 相关性如图 2.5 与表 2.6 所示,母羊血清内 25-OHD$_3$ 水平与血清内 1α,25-(OH)$_2$D$_3$、GnRH、FSH、LH、SHBG 水平呈显著正相关($P<0.05$),但是与血清内 E$_2$ 水平相关性不显著($P>0.05$)。

表 2.4　母羊血清内 VD 与各指标水平

	1α,25-(OH)$_2$D$_3$(ng/L)	25-OHD$_3$(μg/L)	GnRH (ng/L)	FSH(IU/L)
母羊	8.96 ± 3.32	1.69 ± 0.30	31.74 ± 9.01	6.44 ± 2.21
($n=36$)	LH (ng/L)	E$_2$(ng/L)	SHBG (nmol/L)	
	3.72 ± 1.29	12.03 ± 2.60	6.15 ± 1.56	

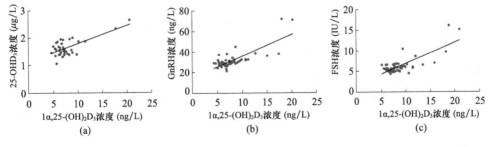

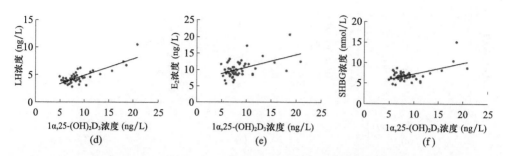

图 2.4　母羊血清内 $1\alpha,25\text{-}(OH)_2D_3$ 水平与各指标水平间的关系

表 2.5　$1\alpha,25\text{-}(OH)_2D_3$ 与各指标相关性分析结果

	$25\text{-}OHD_3$	GnRH	FSH	LH	E_2	SHBG
相关系数(r)	0.699	0.772	0.772	0.793	0.495	0.560
P 值	<0.001	<0.001	<0.001	<0.001	<0.001	<0.001

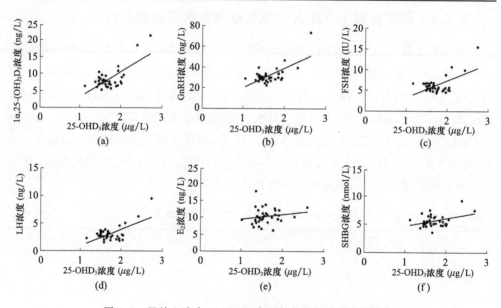

图 2.5　母羊血清内 $25\text{-}OHD_3$ 水平与各指标水平间的关系

表 2.6　$25\text{-}OHD_3$ 与各指标相关性分析结果

	$1\alpha,25\text{-}(OH)_2D_3$	GnRH	FSH	LH	E_2	SHBG
相关系数(r)	0.699	0.663	0.583	0.628	0.170	0.383
P 值	<0.001	<0.001	<0.001	<0.001	0.295	**0.021**

2.3 讨 论

VD 是人们熟知的一种维生素,有促进钙磷吸收和骨骼生长的作用,但目前认为这只是 VD 在动物体内发挥的生理功能的一部分。随着研究的深入,VD 与动物生殖的关系逐渐引起了大家的关注。体内具有生理活性的 VD 形式主要有两种,即 $25\text{-}OHD_3$ 与 $1\alpha,25\text{-}(OH)_2D_3$,这两种 VD 都会随着血液在全身进行运输,当它们到达靶器官便会在靶器官内发挥作用。

本研究测定了雄性绵羊与雌性绵羊血清内 $25\text{-}OHD_3$ 与 $1\alpha,25\text{-}(OH)_2D_3$ 的浓度,结果表明,雄性绵羊血液内 $25\text{-}OHD_3$ 的浓度与雌性绵羊血液内 $25\text{-}OHD_3$ 的浓度差异不显著,且雄性绵羊血液内 $1\alpha,25\text{-}(OH)_2D_3$ 的浓度与雌性绵羊血液内 $1\alpha,25\text{-}(OH)_2D_3$ 的浓度差异也不显著。这说明无论雄性还是雌性绵羊,其体内 VD 的基础水平一样,它们体内靶细胞对 VD 的敏感程度或许是一样的。另外,结果还表明,无论在雄性绵羊血液内还是在雌性绵羊血液内,$25\text{-}OHD_3$ 的浓度都高出 $1\alpha,25\text{-}(OH)_2D_3$ 浓度数百倍。这可能是因为机体先合成 $25\text{-}OHD_3$,然后 $25\text{-}OHD_3$ 再转变为 $1\alpha,25\text{-}(OH)_2D_3$,$25\text{-}OHD_3$ 不但要发挥一定的生理学功能(虽然其生物学活性不及 $1\alpha,25\text{-}(OH)_2D_3$),而且要消耗一部分合成 $1\alpha,25\text{-}(OH)_2D_3$,机体为了满足 $25\text{-}OHD_3$ 的这两个功能上的需求而合成了大量的 $25\text{-}OHD_3$,导致血清内 $25\text{-}OHD_3$ 的浓度远高于 $1\alpha,25\text{-}(OH)_2D_3$。另一个原因可能是因为 $25\text{-}OHD_3$ 在血液内半衰期较长[7],而血液内 $1\alpha,25\text{-}(OH)_2D_3$ 的半衰期较短。本研究也对雄性绵羊与雌性绵羊血清内 $25\text{-}OHD_3$ 与 $1\alpha,25\text{-}(OH)_2D_3$ 的浓度进行了相关性分析,结果表明,在雄性绵羊血清内 $1\alpha,25\text{-}(OH)_2D_3$ 浓度与 $25\text{-}OHD_3$ 浓度相关性不显著,但是在雌性绵羊血清内它们之间却呈极显著正相关,这种差异可能是由于绵羊性别不同造成的,具体原因需要进一步研究分析。

对于动物生殖而言,无论雄性动物或是雌性动物,GnRH、LH、FSH、T、E_2 等生殖激素都起着基础性的作用,它们之间相互作用维持了动物的第二性征,并保证了生殖细胞的顺利产生。这几种生殖激素主要由性腺轴上的各个器官分泌,下丘脑负责分泌 GnRH,GnRH 随血液循环到达脑垂体,刺激脑垂体细胞分泌 LH 与 FSH。对于雄性动物而言,LH 与 FSH 随血液循环到达睾丸,LH 会促进睾丸间质细胞分泌 T,FSH 能够促进精子的生成。对于雌性动物而言,LH 与 FSH 随血液循环到达卵巢,LH 会刺激卵泡膜细胞分泌 T,T 会通过旁分泌途径进入卵泡颗粒细胞内,进而使得卵泡颗粒细胞分泌 E_2。另外,由于 T 和 E_2 均是脂溶性激素,在血液内运输时需要与 SHBG 结合。由于这些生殖激素的重要性,我们认为,探明 VD 与这些生殖激素的相关性是研究 VD 与绵羊生殖关系的基础。

对于探究 VD 与生殖激素的关系,在医学上,通常测定血清内 $25\text{-}OHD_3$ 的浓度

（因为 25-OHD$_3$ 的半衰期较长），并对 25-OHD$_3$ 与生殖激素指标进行相关性分析[5,6,8]。但是，在绵羊体内我们并不清楚使用 1α,25-(OH)$_2$D$_3$ 还是 25-OHD$_3$ 对各项生殖激素进行相关性分析的效果会更好一些。因此，本研究对 1α,25-(OH)$_2$D$_3$ 和 25-OHD$_3$ 都进行了测定，并分析了这两种形式的 VD 与生殖激素的关系。

目前，在各个物种中血清 1α,25-(OH)$_2$D$_3$ 与生殖激素的相关性研究鲜有报道。本研究表明，在雄性绵羊血清内 1α,25-(OH)$_2$D$_3$ 与 FSH、LH 呈极显著的正相关。FSH 与 LH 在雄性动物体内有非常重要的作用，LH 刺激睾丸间质细胞分泌 T，FSH 促进精子的产生。而 1α,25-(OH)$_2$D$_3$ 与它们呈正相关，说明 1α,25-(OH)$_2$D$_3$ 可能与 LH 及 FSH 的生成有直接或间接的关系。虽然 1α,25-(OH)$_2$D$_3$ 与 LH 呈正相关，但其却与 T 的相关性不显著，说明睾丸间质细胞 T 的分泌可能还受其他许多因素影响，导致 1α,25-(OH)$_2$D$_3$ 与 T 相关性不显著，比如褪黑素[9]、神经激肽 3[10]、锌指蛋白[11]等会刺激睾丸间质细胞分泌 T。另外，研究也表明 1α,25-(OH)$_2$D$_3$ 与 SHBG 相关性不显著，SHBG 是运送性激素的蛋白，在雄性动物体内主要运送 T，如果 1α,25-(OH)$_2$D$_3$ 与 T 相关性不显著，那么其与 SHBG 相关性也可能不显著。

本研究表明，对于雄性绵羊而言，血清内 25-OHD$_3$ 仅与 T 呈显著正相关，与 GnRH、FSH、LH、SHBG 皆不相关，这说明 25-OHD$_3$ 可能会直接或间接地影响到 T 的分泌。这个结果与两项针对 VD 与男性生殖关系的研究结果类似，一项研究调查了 652 名韩国男性，结果表明血清内 25-OHD$_3$ 与 T 呈正相关[12]；另一项研究调查了 2854 名中国男性，结果也表明血清内 25-OHD$_3$ 与 T 呈正相关，不过该研究还指出 25-OHD$_3$ 与 LH、FSH、SHBG 也呈正相关[13]。另外，还有两项研究与上述结果存在矛盾之处，一项针对 278 名伊朗男性的研究结果表明，血清内 25-OHD$_3$ 与 T 不相关，与 FSH、LH 也不相关[5]；另一项针对 347 名丹麦男性的研究结果表明，血清内 25-OHD$_3$ 与 FSH、SHBG 呈正相关，但与 LH 不相关[14]。造成这些研究结果有差异的原因可能是研究对象地域的不同，也可能是研究对象数目的不同。

本研究针对雌性绵羊的结果表明，血清内 1α,25-(OH)$_2$D$_3$ 水平与 GnRH、FSH、LH、E$_2$、SHBG 皆呈正相关，说明在雌性绵羊体内 1α,25-(OH)$_2$D$_3$ 很有可能与这些激素间有直接或间接的联系。目前，已有研究表明 1α,25-(OH)$_2$D$_3$ 对 FSH[12]、LH[15]、E$_2$[16,17]等的分泌具有直接的刺激作用，但在雌性绵羊体内 1α,25-(OH)$_2$D$_3$ 对这些激素是否有作用还需要进一步研究。另外，研究也表明血清内 25-OHD$_3$ 与 GnRH、FSH、LH、SHBG 皆呈极显著正相关，但是与 E$_2$ 相关性不显著。这说明 25-OHD$_3$ 也可能与 GnRH、FSH、LH、SHBG 有直接或间接的联系。雌性动物具有明显的发情周期，在这个周期内激素波动明显，特别是 E$_2$，故 25-OHD$_3$ 与 E$_2$ 相关性不显著可能是受此影响所导致的。本研究结果与针对 VD 和女性生殖关系的研究结果有所不同，有两项针对女性的研究结果表明血清内 25-OHD$_3$ 浓度与 FSH、LH、E$_2$ 均不相关[18,19]。造成这种差异的原因可能是物种的不同。既然在雌性绵羊血清内与 25-OHD$_3$ 浓度呈正相关的生殖激素要远多于人类,那么这或许说明了 VD 与雌性绵羊生殖有重要的关联。

2.4　小　　结

本章研究表明,绵羊血清内 VD 与多种生殖激素呈正相关,说明 VD 对绵羊生殖机能可能具有一定调节作用。另外,就 25-OHD$_3$ 与 $1\alpha,25$-$(OH)_2D_3$ 这两种形式的 VD 而言,与 $1\alpha,25$-$(OH)_2D_3$ 相关的生殖激素的种类更多,研究 $1\alpha,25$-$(OH)_2D_3$ 与绵羊生殖机能的关系可能会更有意义。

参考文献

[1] PROSSER D E, JONES G. Enzymes involved in the activation and inactivation of vitamin D [J]. Trends in Biochemical Sciences, 2004, 29(12): 664-673.

[2] LAHMAR O, SALHI M, KAABACHI W, et al. Association between vitamin D metabolism gene polymorphisms and risk of tunisian adults' asthma[J]. Lung, 2018, 196(3): 285-295.

[3] ZHANG Q Q, WANG Z X, SUN M, et al. Association of high vitamin D status with low circulating Thyroid-Stimulating Hormone independent of Thyroid Hormone levels in middle-aged and elderly males[J]. International Journal of Endocrinology, 2014, 1: 1-6.

[4] HOAN N X, KHUYEN N, BINH M T, et al. Association of vitamin D deficiency with hepatitis B virus-related liver diseases[J]. BMC Infectious Diseases, 2016, 16: 507-516.

[5] ABBASIHORMOZI S, KOUHKAN A, ALIZADEH A R, et al. Association of vitamin D status with semen quality and reproductive hormones in Iranian subfertile men[J]. Andrology, 2016, 10: 1-6.

[6] ABADIA L, GASKINS A J, CHI Y H, et al. Serum 25-hydroxyvitamin D concentrations and treatment outcomes of women undergoing assisted reproduction[J]. The American Journal of Clinical Nutrition, 2016, 104: 729-735.

[7] ASSAR S, SCHOENMAKERS I, KOULMAN A, et al. UPLC-MS/MS determination of deuterated 25-Hydroxyvitamin D (d$_3$-25OHD$_3$) and other Vitamin D metabolites for the measurement of 25OHD Half-Life[J]. Multiplex Biomarker Techniques, 2016, 1546(11): 257-265.

[8] HAMMOUD A O, MEIKLE A W, PETERSON C M, et al. Association of 25-hydroxy-vitamin D levels with semen and hormonal parameters[J]. Asian Journal of Andrology, 2012, 14: 855-859.

[9] DENG S L, WANG Z P, JIN C, et al. Melatonin promotes sheep Leydig cell testosterone secretion in a coculture with Sertoli cells[J]. Theriogenology, 2018, 106(1): 170-177.

[10] SKORUPSKAITE K, GEORGE J T, VELDHUIS J D, et al. Neurokinin 3 receptor antagonism decreases gonadotropin and testosterone secretion in healthy men[J]. Clinical Endocrinology, 2017, 87(6): 748-756.

[11] YOU X, WEI L, FAN S, et al. Expression pattern of Zinc finger protein 185 in mouse testis

and its role in regulation of testosterone secretion[J]. Molecular Medicine Reports, 2017, 16 (2): 2101-2106.

[12] YOUNG J T, JEONG G L, YUN J K, et al. Serum 25-chydroxyvitamin D levels and testosterone deficiency in middle-caged Korean men: a cross-csectional study[J]. Asian Journal of Andrology, 2015, 17: 324-328.

[13] WANG N J, HAN B, LI QIN, et al. Vitamin D is associated with testosterone and hypogonadism in Chinese men: results from a cross-sectional SPECT-China study[J]. Reproductive Biology and Endocrinology, 2015, 13: 74-80.

[14] CECILIA H, ULLA K, JENS P, et al. Are serum levels of vitamin D associated with semen quality? Results from a cross-sectional study in young healthy men[J]. Fertility and Sterility, 2011, 95(3): 1000-1004.

[15] ZOFKOVÁI, SCHOLZ G, STÁRKA L. Effect of calcitonin and $1,25(OH)_2$-vitamin D_3 on the FSH, LH and testosterone secretion at rest and LHRH stimulated secretion[J]. Hormone and Metabolic Research, 1989, 21(12): 682-685.

[16] KINUTA K, TANAKA H, MORIWAKE T, et al. Vitamin D is an important factor in estrogen biosynthesis of both female and male gonads[J]. Endocrinology, 2000, 141 (4): 1317-1324.

[17] 朱建林，张文昌，李宏，等. 维生素 D_3 对大鼠卵巢切碎组织性激素分泌影响[J]. 中国公共卫生, 2007, 10: 1163-1164.

[18] CHANG E U, KIM Y S, WON H J, et al. Association between sex steroids, ovarian reserve, and vitamin D levels in healthy nonobese women[J]. Endocrine Research, 2014, 99 (7): 2526-2532.

[19] TORIOLA A T, SURCEL H, HUSING A, et al. Association of serum 25-OHD concentrations with maternal sexsteroids and IGF-1 hormones during pregnancy[J]. Cancer Causes Control, 2011, 22(6): 925-928.

第3章　VD代谢相关酶类在绵羊主要生殖器官内的表达

动物自身合成的 VD 是动物体内 VD 的主要来源。皮肤内的 7-脱氢胆固醇在紫外线的作用下转变为 VD_3，但是 VD_3 并无生物学活性。VD_3 需要在肝脏内依靠细胞色素氧化酶 CYP2R1 与 CYP27A1 将其羟基化为 $25-OHD_3$，然后 $25-OHD_3$ 再在肾脏内依靠细胞色素氧化酶 CYP27B1 将其羟基化为 $1\alpha,25-(OH)_2D_3$，至此 VD_3 活化完成。无论是 $25-OHD_3$ 或是 $1\alpha,25-(OH)_2D_3$ 都不能一直存在，机体需要将其降解，降解它们的酶是细胞色素氧化酶 CYP24A1[1,2]。

在传统的观念中，涉及 VD 羟基化的酶都存在于肝脏与肾脏细胞中，因此肝脏与肾脏是 VD 代谢的主要器官。随着研究的深入，逐渐发现一些其他组织器官内也有以上四种 VD 代谢相关的酶类（CYP2R1、CYP27A1、CYP27B1、CYP24A1）存在，比如大脑[3]、胎盘[4]、牙龈[5]等。但绵羊生殖器官内是否有这四种酶的存在，目前仍不清楚。如果存在这四种酶，说明绵羊生殖器官能够独立对 VD 进行代谢，不需要肝脏和肾脏的参与，其自身就能够合成 $25-OHD_3$ 或 $1\alpha,25-(OH)_2D_3$。即便肝脏和肾脏存在 VD 代谢障碍，绵羊生殖器官中依然有 VD 可以使用。因此，本章采用 PCR 和免疫组化的方法，探究这四种酶是否存在于绵羊生殖器官内，以证明绵羊生殖器官能否合成和降解 VD。

3.1　材料与方法

3.1.1　试验材料

3.1.1.1　主要仪器

PCR 仪（型号：Veriti）、轮转式切片机（型号：YD-1508R）、生物组织摊片机（型号：YD-A）、生物组织烤片机（型号：YD-B）。

3.1.1.2　主要试剂

总 RNA 提取试剂（RNAiso Plus）、反转录试剂盒（PrimeScript RT reagent Kit With gDNA Eraser）、PCR 试剂盒（TaKaRa Ex Taq kit）、胶回收试剂盒（Agarose Gel DNA Purification Kit Ver. 2.0）、pMD19-T 载体、感受态大肠杆菌 DH5α、X-Gal、IPTG、氨苄青霉素、SOC 培养基、4% 多聚甲醛、SABC 免疫组化染色试剂盒、

DAB 显色试剂盒、兔抗鼠 CYP2R1 蛋白一抗抗体、兔抗鼠 CYP27A1 蛋白一抗抗体、兔抗鼠 CYP27B1 蛋白一抗抗体、兔抗鼠 CYP24A1 蛋白一抗抗体。

3.1.2 试验方法

3.1.2.1 样品采集

分别选取 3 只雄性和雌性性成熟杜泊绵羊与小尾寒羊杂交后代为研究对象。在当地屠宰场将绵羊屠宰后,迅速分离出睾丸、附睾与卵巢。用剪刀将睾丸、附睾头、附睾体、附睾尾、卵巢分别剪成约 1 cm³ 的小组织块。对于提取 RNA 的样品:用经 RNA 酶灭活处理的锡箔纸将组织块裹住,放入无 RNA 酶的冻存管内,迅速放入液氮中保存备用。对于免疫组化试验的样品:将组织块迅速放入 4% 多聚甲醛内,带回实验室。组织浸泡在 4% 多聚甲醛内,4 ℃固定 24 h 后,放入 70% 乙醇溶液内室温保存备用。

3.1.2.2 总 RNA 的提取

总 RNA 提取使用 RNAiso Plus,操作流程参照提取试剂盒说明书。所用耗材皆为无 RNA 酶的耗材。具体操作步骤如下。

(1)分别将约 0.1 g 睾丸、附睾和卵巢组织放入经 RNA 酶灭活处理的研钵内,往研钵内倒入少许液氮,迅速研磨组织样品至粉末状,期间保持组织浸泡于液氮内。

(2)将磨成粉的组织放入预先盛有 1 mL RNAiso Plus 的 1.5 mL 离心管内,迅速并使劲摇匀,室温静置 5 min。

(3)12000 r/min 4 ℃离心 5 min,吸取上清液至一个新的 1.5 mL 离心管内。

(4)在第(3)步的新离心管内,加入上清液体积 1/5 的氯仿,盖紧离心管管盖,剧烈振荡离心管 15 s 至溶液呈乳白色(充分乳化),室温静置 5 min。12000 r/min 4 ℃离心 15 min。

(5)离心后液体分为 3 层,最上层为无色的上清液,中间层为白色的蛋白层,最下层为红色的有机相。轻轻吸取上清液至另一个新的离心管中,切忌吸出中间白色的蛋白层。向吸出的上清液中加入等体积的异丙醇,上下轻轻颠倒离心管,充分混匀后,在室温下静置 10 min,12000 r/min 4 ℃离心 10 min。

(6)一般情况下,离心后试管底部会有 RNA 沉淀。轻轻地弃去上清液,沿离心管管壁轻轻加入 1 mL 75% 乙醇,轻轻上下颠倒离心管,以清洗 RNA 沉淀。12000 r/min 4 ℃离心 5 min,轻轻倒掉乙醇,在滤纸上将未倒净的乙醇尽量吸干。

(7)RNA 沉淀干燥后,用约 50 μL 无 RNA 酶的超纯水溶解 RNA,并将溶解的 RNA 放入 −80 ℃超低温冰箱备用。

3.1.2.3 总 RNA 内基因组 DNA 的去除及 cDNA 合成

总 RNA 内基因组 DNA 的去除及 cDNA 合成使用 PrimeScript RT reagent Kit With gDNA Eraser,具体步骤如下。

（1）总 RNA 内基因组 DNA 的去除

在无 RNA 酶的 PCR 专用离心管内加入 2 μL 的 5×gDNA Eraser Buffer，1 μL 的 gDNA Eraser，1 μg 的总 RNA，加入无 RNA 酶的超纯水补齐 10 μL。PCR 仪内 42 ℃反应 2 min。

（2）cDNA 的合成

PCR 仪内取出离心管，立即向离心管内加入 4 μL 的 5×PrimeScript Buffer，1 μL 的 PrimeScript RT Enzyme Mix I，1 μL 的 RT Primer Mix 和 4 μL 无 RNA 酶的超纯水。37 ℃反应 15 min，85 ℃反应 5 s，4 ℃保存备用。

3.1.2.4　引物设计

引物设计使用 Primer 5.0 软件，根据 NCBI 网站 GenBank 数据库内绵羊 *CYP2R1* 基因预测序列（GenBank accession no. XM_004016131.4）、*CYP27A1* 基因预测序列（GenBank accession no. XM_015092831.1）、*CYP27B1* 基因预测序列（GenBank accession no. XM_004 006519.2），以及 *CYP24A1* 基因预测序列（GenBank accession no. XM_004014639.3）设计特异性引物。引物由生工生物工程（上海）股份有限公司进行合成，在睾丸、附睾与卵巢组织内进行扩增，以检测以上 4 个基因是否在睾丸、附睾及卵巢内有表达。引物序列如表 3.1 所示。

表 3.1　PCR 所用引物序列

基因名称		引物序列
CYP2R1	上游引物	5'- CCA TTC CTA AAG GCA CAA -3'
	下游引物	5'-CTG TGT ACT TTC AGC GTC -3'
CYP27A1	上游引物	5'- TCC TGT GGT CCC TGT GAA -3'
	下游引物	5'-AAG GGC TCA GCT CAG CTC -3'
CYP27B1	上游引物	5'- ACC TGG AAA TTC CCG TGT -3'
	下游引物	5'-TCC ACC ATA CTA TCT GTC -3'
CYP24A1	上游引物	5'- ACA AGG CAA TGG TTC TGG -3'
	下游引物	5'-CGA GGC TGC TTA TCG CCG -3'

3.1.2.5　PCR

（1）PCR 反应体系

使用 TaKaRa Ex Taq kit 进行 PCR 反应，PCR 反应体系（50 μL 体系）如表 3.2 所示。

表 3.2　PCR 反应体系

试剂名称	使用量（μL）
超纯水	15.0
2×Ex taq Buffer	25.0

续表

试剂名称	使用量(μL)
dNTP Mix (10 mmol/L)	1.0
Ex taq	1.0
cDNA 第一链	5.0
上游引物（10×）	1.5
下游引物（10×）	1.5

（2）PCR 扩增程序

PCR 扩增程序如表 3.3 所示。

表 3.3　PCR 扩增程序

PCR 步骤	温度	时间
预变性	94 ℃	2 min
	94 ℃	30 s
35 个循环	55 ℃	30 s
	72 ℃	30 s
延伸终止	72 ℃	10 min

3.1.2.6　电泳

使用含溴化乙锭的 1%琼脂糖凝胶在 1×TAE 电泳缓冲液内进行电泳。电泳完毕后，在紫外灯下观察，并采用凝胶成像系统拍照保存。

3.1.2.7　测序及序列比对

将电泳产物送交生工生物工程（上海）股份有限公司进行测序，测序结果在 NCBI 网站上进行 Blast 比对，以验证所得 PCR 产物是否为目的基因产物。

3.1.2.8　石蜡切片制作

石蜡切片制作步骤如下。

（1）将睾丸、附睾头、附睾体、附睾尾、卵巢组织块从 70%乙醇溶液内取出，分别顺次移入 80%、90%、95%的乙醇溶液内浸泡 1.5 h。

（2）将组织块移入 100%乙醇溶液内浸泡 1 h，再次移入新的 100%乙醇溶液内浸泡 0.5 h。至此，组织块脱水完成。

（3）组织块移入乙醇二甲苯（1∶1）溶液内浸泡 30 min，然后移入纯二甲苯溶液内浸泡 30 min，再次将组织块移入新的纯二甲苯溶液内浸泡 30 min，以达到对组织块充分透明的目的。

（4）将经过透明处理的组织块放入蜡缸里融化的石蜡内，浸蜡 4 h。

（5）浸蜡后进行石蜡包埋，然后进行切片，切片厚度 5 μm。

3.1.2.9　免疫组化

(1)将石蜡切片浸入二甲苯溶液内 10 min(此步骤重复 2 次),对切片进行脱蜡处理。

(2)切片浸入乙醇二甲苯(1∶1)溶液内 5 min。

(3)切片顺次浸入 100%、95%、90%、80%、70%、50%的乙醇溶液内各 5 min。

(4)切片浸入蒸馏水内 5 min,至此切片复水处理完毕。

(5)在复水后的切片上滴加 3%过氧化氢(H_2O_2)溶液,室温放置 20 min,以封闭内源性过氧化物酶活性。然后在 PBS 缓冲液内浸泡清洗 3 次,每次 5 min。

(6)将切片浸入 95 ℃柠檬酸缓冲液浸泡 15 min,进行抗原修复。

(7)在切片上滴加 5% BSA(牛血清白蛋白),37 ℃放置 30 min,用以封闭异性抗原,减少非特异性染色发生。然后在 PBS 缓冲液内浸泡清洗 3 次,每次 5 min。

(8)在对应切片上分别滴加 CYP2R1、CYP27A1、CYP27B1、CYP24A1 蛋白的一抗抗体,4 ℃孵育过夜。此处一抗抗体事先已用 PBS 缓冲液按照说明书提供的稀释倍数进行稀释。另外,此处设定阴性对照,阴性对照滴加稀释过后的正常兔血清,稀释倍数同一抗抗体。

(9)切片一抗孵育过夜后,在 PBS 缓冲液浸泡清洗 3 次,每次 5 min。在切片上滴加生物素标记的山羊抗兔 IgG 二抗抗体,37 ℃孵育 30 min。在 PBS 缓冲液浸泡清洗 3 次,每次 5 min。

(10)在切片上滴加 SABC(链霉亲和素-生物素复合物),37 ℃孵育 30 min。在 PBS 缓冲液浸泡清洗 3 次,每次 5 min。

(11)在切片上滴加 DAB 显色液,显色 5～10 min。在显微镜下观察染色程度,然后用蒸馏水冲洗终止显色。

(12)将切片放入苏木素染液内 5 s。在盐酸∶蒸馏水=50 μL∶100 mL 的溶液内浸泡 30 s。自来水浸泡 2 min。

(13)将切片进行脱水,依次浸入 50%、70%、80%、90%、95%、100%的乙醇溶液内各 5 min,乙醇二甲苯(1∶1)溶液内 5 min,纯二甲苯内 2 次各 5 min。

(14)中性树脂封片,镜检。

3.2　结　　果

3.2.1　VD 代谢相关酶基因电泳结果

CYP2R1、*CYP24A1*、*CYP27A1*、*CYP27B1* 基因电泳结果如图 3.1 所示。由图可知 *CYP2R1*、*CYP24A1*、*CYP27A1*、*CYP27B1* 基因在绵羊睾丸、附睾、卵巢内都有表达。将 *CYP2R1*、*CYP24A1*、*CYP27A1*、*CYP27B1* 基因电泳产物送交生工生物工

程(上海)股份有限公司进行测序,测序结果经 NCBI 网站 Blast 比对证实为目的基因序列。

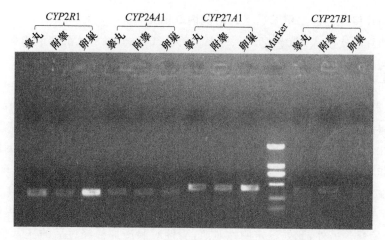

图 3.1　*CYP2R*1、*CYP24A*1、*CYP27A*1、*CYP27B*1 基因电泳结果

3.2.2　VD 代谢相关酶蛋白免疫组化结果

应用 CYP2R1、CYP24A1、CYP27A1、CYP27B1 蛋白抗体分别在绵羊睾丸、附睾头、附睾体、附睾尾与卵巢中进行免疫组化试验,以探明四种蛋白在不同组织内的定位情况,结果如图 3.2~图 3.6 所示。

图 3.2 为四种蛋白在睾丸内的定位情况,a、c、e、g 为试验组。可见,四种蛋白在曲精小管(ST)与间质细胞(LC)内均有表达。b、d、f、h 为阴性对照。

图 3.3 为四种蛋白在附睾头内的定位情况,a、c、e、g 为试验组。可见,四种蛋白在附睾管上皮细胞(EC)内有表达。b、d、f、h 为阴性对照。

图 3.4 为四种蛋白在附睾体内的定位情况,a、c、e、g 为试验组。可见,四种蛋白在 EC 内有表达。b、d、f、h 为阴性对照。

图 3.5 为四种蛋白在附睾尾内的定位情况,a、c、e、g 为试验组。可见,四种蛋白在 EC 内有表达。b、d、f、h 为阴性对照。

图 3.6 为四种蛋白在卵巢内的定位情况,a、c、e、g 为试验组。可见,四种蛋白在卵巢颗粒细胞(GC)与膜细胞(TC)内均有表达。b、d、f、h 为阴性对照。

以上结果说明 CYP2R1、CYP24A1、CYP27A1、CYP27B1 蛋白在睾丸、附睾与卵巢内都有表达,表明绵羊睾丸、附睾与卵巢可能都参与了 VD 的代谢。

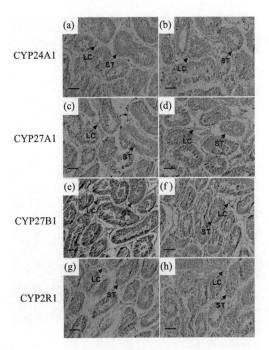

图 3.2　四种蛋白在绵羊睾丸中的定位情况(放大倍数为 200×,标尺为 100 μm)

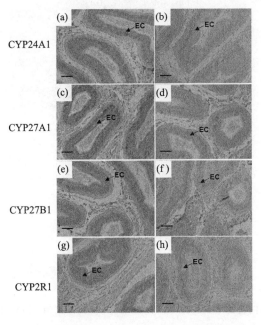

图 3.3　四种蛋白在绵羊附睾头中的定位情况(放大倍数为 200×,标尺为 100 μm)

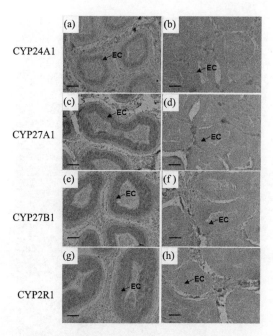

图 3.4　四种蛋白在绵羊附睾体中的定位情况（放大倍数为 200×，标尺为 100 μm）

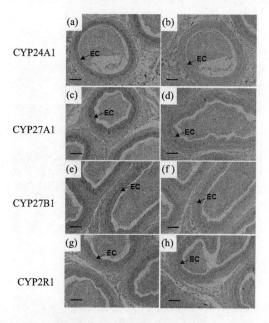

图 3.5　四种蛋白在绵羊附睾尾中的定位情况（放大倍数为 200×，标尺为 100 μm）

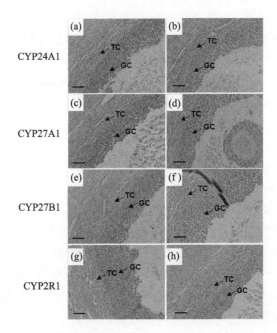

图 3.6　四种蛋白在绵羊卵巢中的定位情况（放大倍数为 $400\times$，标尺为 $50~\mu\mathrm{m}$）

3.3　讨　　论

$1\alpha,25\text{-}(OH)_2D_3$ 是动物体内最主要的一种 VD 活性形式，但是 $1\alpha,25\text{-}(OH)_2D_3$ 在食物中含量很少。动物体内的 $1\alpha,25\text{-}(OH)_2D_3$ 主要依靠自身合成。合成过程中需要肝脏内 CYP2R1 与 CYP27A1 两种蛋白，以及肾脏内 CYP27B1 蛋白。$1\alpha,25\text{-}(OH)_2D_3$ 发挥功能后还需要 CYP24A1 蛋白将其降解。传统观念认为这四种蛋白主要存在于肝脏与肾脏内。

CYP2R1 与 CYP27A1 两种蛋白的功能主要是将皮肤合成的 VD_3 进行一次羟基化，羟基化位点在第 25 位碳原子上，使得 VD_3 转变为 $25\text{-}OHD_3$。有研究报道，CYP2R1 是血液内 $25\text{-}OHD_3$ 的重要调节因子，CYP2R1 活性降低会引起血液内 $25\text{-}OHD_3$ 浓度降低，且补充 VD_3 并不能缓解此症状[6]。另外一项研究表明 *CYP2R1* 基因发生变异会降低体内活性 VD 水平，并引发多发性硬化症（一种受低浓度 VD 水平影响的疾病）[7]。CYP27A1 与 CYP2R1 功能一样，能够对 VD_3 进行 25 位上的羟基化，其对 CYP2R1 起辅助的作用[8]。在传统观念中，CYP2R1 与 CYP27A1 两种蛋白主要存在于肝脏中，随着研究的深入，在肝外组织中也逐渐发现有这两种蛋白的表达，比如大脑中有 CYP2R1 的表达[3]，巨噬细胞内有 CYP27A1 的表达[9]，胎盘中这两种蛋白皆有表达[4]。本章研究结果显示，在绵羊睾丸、附睾头、附睾体、附睾尾和卵巢中，CYP27A1 与 CYP2R1 这两种蛋白均有表达，且表达的部位趋于一致，研究结果拓宽了这两种蛋白的表达范围。在睾丸中，这两种蛋白主要表达于睾丸间质细胞与睾丸曲精小管生殖上皮细胞；在附睾头、附睾体、附睾尾中，这两种蛋白皆表达于附睾管上皮细胞内；在卵巢中，这两种蛋白都表达于卵泡颗粒细胞，在卵泡膜细胞少量表达。该试验结果说明绵羊睾丸、附睾和卵巢能够独立生成 25-OHD_3。可以据此推测，即便绵羊肝脏出现障碍无法合成 25-OHD_3，绵羊的生殖系统也可以自发合成 25-OHD_3。

25-OHD_3 在动物体内的生物学活性并不高，它需要在 1 位碳原子上进行第二次羟基化，形成 $1\alpha,25\text{-}(OH)_2D_3$。动物体内活性最高的 VD 形式便是 $1\alpha,25\text{-}(OH)_2D_3$。要完成此步羟基化反应，需要肾脏内的细胞色素氧化酶 CYP27B1 蛋白的参与。CYP27B1 的主要功能就是将 25-OHD_3 转变为 $1\alpha,25\text{-}(OH)_2D_3$。如果 *CYP27B1* 基因功能失活，体内将无法合成 $1\alpha,25\text{-}(OH)_2D_3$，会导致假 VD 缺乏性佝偻病（VD 依赖性 I 型佝偻病）[10,11]。另有研究表明，*CYP27B1* 基因变异会使得血液内 VD 水平降低，并且导致多发性硬化症[12,13]。传统观念中，CYP27B1 主要在肾脏内表达，但随着研究的深入，在许多肾外组织和器官内也发现了 CYP27B1 的表达。已有研究表明，其在人乳腺上皮细胞[14]、结肠细胞[15]、骨骼肌细胞[16]、前列腺细胞[17]中均有表达。本章研究表明，在绵羊睾丸、附睾、卵巢内也存在 CYP27B1 基因的表达，这个研究结果扩展了 CYP27B1 蛋白表达范围。对 CYP27B1 蛋白进行免疫组化试验，结果显示 CYP27B1 蛋白在睾丸、附睾头、附睾体、附睾尾与卵巢内的存在部位与 CYP27A1 与 CYP2R1 这两种蛋白相同。这表明在睾丸间质细胞、生精细胞、支持细胞、附睾上皮细胞、卵泡颗粒细胞与膜细胞内，不仅能够将 VD_3 转化为 25-OHD_3，而且还能将 25-OHD_3 转化为 $1\alpha,25\text{-}(OH)_2D_3$。这说明绵羊的生殖器官能够自主合成具有高生物学活性的 VD，从而不再受肝脏与肾脏的制约。当肝脏、肾脏发生功能障碍而无法合成 $1\alpha,25\text{-}(OH)_2D_3$ 时，绵羊的生殖器官也能够通过自身合成所需 $1\alpha,25\text{-}(OH)_2D_3$。这进一步说明了 VD 对绵羊生殖器官具有非常重要的作用，VD 可能是绵羊生殖器官发挥正常功能必须的物质。

$1\alpha,25\text{-}(OH)_2D_3$ 在靶细胞内发挥作用后，机体需要将 $1\alpha,25\text{-}(OH)_2D_3$ 降解，发挥此降解功能的蛋白是细胞色素氧化酶 CYP24A1[18,19]。CYP24A1 蛋白活性降低会导致血液内 $1\alpha,25\text{-}(OH)_2D_3$ 浓度升高，导致机体吸收钙离子增多，进而会导致肾结石[20]。另外，高浓度的 $1\alpha,25\text{-}(OH)_2D_3$ 也会诱导 *CYP24A1* 基因的表达[15]。本研究表明，*CYP24A1* 基因也在绵羊睾丸、附睾与卵巢内表达，且 CYP24A1 蛋白的存在部位与 CYP2R1、CYP27A1、CYP27B1 存在部位一样。这说明睾丸间质细胞、生精细胞、支持细胞、附睾上皮细胞、卵泡颗粒细胞和膜细胞具有了完整的 VD 代谢途径，不仅能够合成 $1\alpha,25\text{-}(OH)_2D_3$，而且能够将其降解。这些细胞的功能涉及性激素合成、精子发生、精子成熟和卵子发生等，而这些细胞又能够对 VD 进行完整的代谢，说明 VD 对上述细胞具有重要影响。

另外,本研究通过分析 PCR 扩增出的部分 CYP2R1、CYP27A1、CYP27B1 和 CYP24A1 基因序列,发现在不同物种中这些基因相对保守,表明它们在各个物种中的功能接近。

3.4　小　　结

本章研究结果表明,CYP2R1、CYP27A1、CYP27B1 和 CYP24A1 基因在绵羊睾丸、附睾、卵巢内有表达。其主要表达于间质细胞、曲精小管、附睾上皮细胞、卵巢颗粒细胞。这说明绵羊睾丸、附睾、卵巢能够独立对 VD 进行代谢,VD 可能在其中发挥非常重要的作用。

参考文献

[1] PROSSER D E, JONES G. Enzymes involved in the activation and inactivation of vitamin D [J]. Trends in Biochemical Sciences, 2004, 29(12): 664-673.

[2] LAHMAR O, SALHI M, KAABACHI W, et al. Association between vitamin D metabolism gene polymorphisms and risk of tunisian adults' asthma[J]. Lung, 2018, 196(3): 285-295.

[3] EL A M, DREYFUS M, BERGER F, et al. Expression of CYP2R1 and VDR in human brain pericytes: the neurovascular vitamin D autocrine/paracrine model[J]. Neuroreport, 2015, 26 (5): 245-248.

[4] RONG M, YANG G, SHUANG Z, et al. Expressions of vitamin D metabolic components VDBP, CYP2R1, CYP27B1, CYP24A1, and VDR in placentas from normal and preeclamptic pregnancies[J]. American Journal of Physiology Endocrinology and Metabolism, 2012, 303 (7): 928-935.

[5] 刘凯宁,孟焕新,侯建霞. 维生素 D 受体 Fok Ⅰ 多态性对牙周组织细胞 CYP24A1 表达的影响[J]. 北京大学学报(医学版), 2018, 50(1): 13-19.

[6] ARABI A, KHOUEIRY Z N, AWADA Z, et al. CYP2R1 polymorphisms are important modulators of circulating 25-hydroxyvitamin D levels in elderly females with vitamin insufficiency, but not the response to vitamin D supplementation[J]. Osteoporosis International, 2017, 28 (1): 279-290.

[7] MANOUSAKI D, DUDDING T, HAWORTH S, et al. Low-frequency synonymous coding variation in CYP2R1 has large effects on vitamin D levels and risk of multiple sclerosis[J]. The American Journal of Human Genetics, 2017, 101(2): 227-238.

[8] TUCKEY R C, WEI L, DEJIAN M, et al. CYP27A1 acts on the pre-vitamin D_3 photoproduct, lumisterol, producing biologically active hydroxy-metabolites[J]. The Journal of Steroid Biochemistry and Molecular Biology, 2018, 181(7): 1-10.

[9] QUINN C M, JESSUP W, WONG J, et al. Expression and regulation of sterol 27-hydroxylase

(CYP27A1) in human macrophages: a role for RXR and PPAR gamma ligands[J]. Biochemical Journal, 2005, 385(3): 823-830.

[10] DARDENNE O, PRUD J, ARABIAN A, et al. Targeted inactivation of the 25-hydroxyvitamin D(3)-1(alpha)-hydroxylase gene (CYP27B1) creates an animal model of pseudovitamin D-deficiency rickets[J]. Endocrinology, 2001, 142(7): 3135-3141.

[11] YAMAMOTO K, UCHIDA E, URUSHINO N, et al. Identification of the amino acid residue of CYP27B1 responsible for binding of 25-hydroxyvitamin D3 whose mutation causes vitamin D-dependent rickets type 1[J]. The Journal of Biological Chemistry, 2005, 280(34): 30511-30516.

[12] RAMAGOPALAN S V, DYMENT D A, CADER M Z, et al. Rare variants in the CYP27B1 gene are associated with multiple sclerosis[J]. Annals of Neurology, 2011, 70(6): 881-886.

[13] SUNDQVIST E, BRNHIELM M, ALFREDSSON L, et al. Confirmation of association between multiple sclerosis and CYP27B1[J]. European Journal of Human Genetics, 2010, 18 (12): 1349-1352.

[14] KEMMIS C M, SALVADOR S M, SMITH K M, et al. Human mammary epithelial cells express CYP27B1 and are growth inhibited by 25-hydroxyvitamin D_3, the major circulating form of vitamin D_3[J]. The Journal of Nutrition, 2006, 136(4): 887-892.

[15] LECHNER D, KÁLLAY E, CROSS H S. 1α, 25-Dihydroxyvitamin D_3 downregulates CYP27B1 and induces CYP24A1 in colon cells[J]. Molecular and Cellular Endocrinology, 2007, 263(1): 55-64

[16] SRIKUEA R, ZHANG X, PARK S O, et al. VDR and CYP27B1 are expressed in C2C12 cells and regenerating skeletal muscle: potential role in suppression of myoblast proliferation [J]. American Journal of Physiology, 2012, 303(4): 396-405.

[17] FARHANA H, CROSS H S. Genistein inhibits Vitamin D hydroxylases CYP24 and CYP27B1 expression in prostate cells[J]. The Journal of Steroid Biochemistry and Molecular Biology, 2003, 84(4): 423-429.

[18] JONES G, PROSSER D E, KAUFMANN M. 25-Hydroxyvitamin D-24-hydroxylase (CYP24A1): its important role in the degradation of vitamin D[J]. Archives of Biochemistry and Biophysics, 2012, 523(7): 9-18.

[19] ANNALORA A J, GOODIN D B, HONG W X, et al. Crystal structure of CYP24A1, a mitochondrial cytochrome P450 involved in vitamin D metabolism[J]. Journal of Molecular Cell Biology, 2010, 396(2): 441-451.

[20] NESTEROVA G, MALICDAN M C, YASUDA K, et al. 1, 25-(OH)$_2$ D-24 hydroxylase (CYP24A1) deficiency as a cause of nephrolithiasis[J]. Journal of the American Society of Nephrology, 2013, 8(4): 649-657.

第4章 VDR在绵羊生殖器官内的表达研究

VD通过对机体内各种靶细胞发挥作用,从而产生诸多生理功能。VD对靶细胞发挥作用需要VDR(VD受体)的介导,即靶细胞上必须有VDR存在。VDR在动物体内许多组织器官内都有表达,这是VD能够发挥诸多生理功能的前提条件。至今,VDR在人睾丸、附睾、精囊腺、前列腺、尿道球腺、精子[1,2]、卵巢[3]与胎盘[4]内均已被发现。另外,在大鼠[5,6]与小鼠[7,8]睾丸内也发现了VDR的存在,表明VD会对动物生殖生理产生影响。

但是,目前并不清楚VDR是否存在于绵羊生殖系统内。评定VD是否在绵羊生殖器系统内发挥作用,关键就是确定VDR是否在绵羊主要的生殖器官中有表达。因此,本章将借助PCR技术、免疫组化技术等,探究VDR在绵羊睾丸、附睾与卵巢内的表达情况。

4.1 材料与方法

4.1.1 试验材料

4.1.1.1 主要仪器

PCR仪(型号:Veriti)、核酸蛋白检测系统(型号:2000/2000C)、生物组织包埋机(型号:YD-6)、轮转式切片机(型号:YD-1508R)、生物组织烤片机(型号:YD-B)、荧光定量PCR仪(型号:Mx3000P)。

4.1.1.2 主要试剂

总RNA提取试剂(RNAiso Plus)、反转录试剂盒(PrimeScript RT reagent Kit With gDNA Eraser)、PCR试剂盒(TaKaRa Ex Taq kit)、荧光定量试剂盒(SYBR Premix Ex Taq™ II)、胶回收试剂盒(Agarose Gel DNA Purification Kit Ver. 2.0)、pMD19-T载体、感受态大肠杆菌DH5α、X-Gal、IPTG、氨苄青霉素、SOC培养基、4%多聚甲醛、SABC免疫组化染色试剂盒、DAB显色试剂盒、山羊抗兔IgG二抗抗体、组织蛋白提取试剂盒、甲苯磺酰氟、硝酸纤维素膜、β-actin蛋白抗体、辣根过氧化物酶标记的驴抗兔IgG、BCA蛋白分析试剂盒、兔抗鼠VDR蛋白一抗抗体(VDR (K45) pAb)。

4.1.2 试验方法

4.1.2.1 样品采集

选取 15 只健康杜泊绵羊与小尾寒羊杂交后代为研究对象,性成熟前(1~2 月龄)公羊 6 只,性成熟后(约 12 月龄)公羊 6 只,性成熟后母羊 3 只。在当地屠宰场将绵羊屠宰后,迅速分离出睾丸、附睾与卵巢。用剪刀将睾丸、附睾头、附睾体、附睾尾与卵巢分别剪成约 1 cm³ 的小组织块。对于提取 RNA 的样品:用经 RNA 酶灭活处理的锡箔纸将组织块裹住,放入无 RNA 酶的冻存管内,迅速放入液氮中保存备用。对于免疫组化试验的样品:将组织块迅速放入 4%多聚甲醛内,带回实验室。组织块浸泡在 4%多聚甲醛内,4 ℃固定 24 h 后,放入 70%乙醇溶液内室温保存备用。对于 Western-blotting 试验的样品:将组织块放入液氮保存备用。

4.1.2.2 引物设计

引物设计使用 Primer 5.0 软件,根据 NCBI 网站 GenBank 数据库内已有的绵羊 *VDR* mRNA 参考序列(GenBank accession no. XM_027967403.1)进行设计。对于 *VDR* 基因,共设计三对引物。第一对引物(VDR-1)用于检验 *VDR* 基因是否在睾丸、附睾、卵巢内有表达,第二对引物(VDR-2)用于扩增 *VDR* 基因 mRNA 的 CDS 区全长,第三对引物(VDR-3)用于 *VDR* 基因的荧光定量试验。荧光定量试验的 *β-actin* 基因(内参基因)引物,根据绵羊 *β-actin* 基因序列(GenBank accession no. NM_001009784.1)进行设计。引物序列如表 4.1 所示。

表 4.1 PCR 所用引物序列

基因名称		引物序列
VDR-1	上游引物	5'-GCC CAC CAC AAG ACC TAC GAT G-3'
	下游引物	5'-GTC AGG AGA TCT CGT TGC CAA ACA CC-3'
VDR-2	上游引物	5'-ATG GAG GCG ACT GCG GCC-3'
	下游引物	5'-TCA GGA GAT CTC GTT GCC-3'
VDR-3	上游引物	5'- ATT GAC ATC GGC ATG ATG AA -3'
	下游引物	5'- CTG GCT GAA GTC GGA GTA GG -3'
β-actin	上游引物	5'- GCA AAG ACC TCT ACG CCA AC -3'
	下游引物	5'- GGG CAG TGA TCT CTT TCT GC -3'

4.1.2.3 总 RNA 的提取

睾丸、附睾、卵巢总 RNA 提取使用 RNAiso Plus,操作流程同第 3 章。

4.1.2.4 总 RNA 内基因组 DNA 的去除及 cDNA 合成

总 RNA 内基因组 DNA 的去除及 cDNA 合成使用 PrimeScript RT reagent Kit With gDNA Eraser,具体步骤同第 3 章。

4.1.2.5　PCR

使用 TaKaRa Ex Taq kit 进行 PCR 反应,所用引物为表 4.1 中的第一对与第二对引物。PCR 循环条件为 98 ℃ 10 s,55 ℃ 30 s,72 ℃ 1 min,设定 35 个循环。PCR 结束后,琼脂糖凝胶电泳检测条带大小。

4.1.2.6　胶回收

将琼脂糖凝胶上的目的条带切下,并将切下的胶块切碎,使用胶回收试剂盒回收 DNA。胶回收程序参照说明书。

4.1.2.7　连接转化测序

将收集的 DNA 与 pMD19-T 载体连接,连接程序参照说明书,具体步骤如下。

(1)在离心管中加入 pMD19-T 载体 1 μL,回收的 DNA 0.1～0.3 pmol,并用超纯水补齐至 5 μL。

(2)向第(1)步的离心管内加入 5 μL 的 Solution I,16 ℃ 反应 30 min。

(3)将上述连接液加入离心管内,然后加入 100 μL 感受态大肠杆菌,充分混匀后,冰浴 30 min。然后 42 ℃ 加热 45 s,再冰浴 1 min。

(4)将上一步转化了外源 DNA 的感受态大肠杆菌在 890 μL SOC 培养基内培养 60 min。然后将此培养物在含有 X-Gal(5-溴-4-氯-3-吲哚-β-D-半乳糖苷)、IPTG(异丙基硫代半乳糖苷)、氨苄青霉素的琼脂糖平板培养基上培养,形成白色、蓝色菌落。

(5)将白色菌落进行扩繁,取扩繁后的菌液进行 PCR,将 PCR 阳性菌株送交生工生物工程(上海)股份有限公司测序。

4.1.2.8　序列比对

使用 DNAman 软件对测序得出的绵羊 *VDR* mRNA CDS 全长序列、翻译后的绵羊 VDR 氨基酸序列与其他物种进行序列比对,所比对序列来自 GenBank 数据库。其他物种序列包括牛 *VDR* mRNA 序列(GenBank accession no. NM_001167932.2)、猪 *VDR* mRNA 序列(GenBank accession no. NM_001097414.1)、人 *VDR* mRNA 序列(GenBank accession no. XM_024449178.1)、小鼠 *VDR* mRNA 序列(GenBank accession no. NM_009504.4)、大鼠 *VDR* mRNA 序列(GenBank accession no. NM_017058.1)。

4.1.2.9　石蜡切片制作

将睾丸、附睾头、附睾体、附睾尾及卵巢组织制作石蜡切片,石蜡切片制作步骤同第 3 章。

4.1.2.10　免疫组化

应用兔抗鼠 VDR 蛋白一抗抗体(VDR (K45) pAb)对睾丸、附睾头、附睾体、附睾尾与卵巢的石蜡切片进行免疫组化试验。试验组滴加兔抗鼠 VDR 蛋白一抗抗体,对照组滴加正常兔血清。免疫组化步骤同第 3 章。

4.1.2.11 实时荧光定量

将反转录好的所有 cDNA 样品都稀释 10 倍,使用 SYBR Premix Ex Taq™ II 进行 Real-time PCR(实时荧光定量 PCR)反应。Real-time PCR 反应体系如表 4.2 所示。

表 4.2 Real-time PCR 反应体系

试剂名称	使用量(μL)
SYBR Premix Ex Taq™ II (2×)	10
上游引物 (10 μmol/L)	0.8
下游引物 (10 μmol/L)	0.8
ROX Reference Dye (50×)	0.4
DNA 模板	2
超纯水	6

加好样后放入 Real-time PCR 仪,PCR 反应条件为 95 ℃ 5 s,60 ℃ 30 s,45 个循环。PCR 结束后,琼脂糖凝胶电泳检测条带大小。

4.1.2.12 标曲制作

将反转录所得 cDNA 按 2 倍稀释,依次稀释为 8 个梯度。每个梯度作为 1 个样品,每个样品分别加入 VDR 基因与 β-actin 基因引物,进行 Real-time PCR 反应。反应所加试剂与反应条件如上所述。

4.1.2.13 Western-blotting

(1)绵羊睾丸、附睾头、附睾体、附睾尾组织分别在含有 PMSF(甲苯磺酰氟)的组织蛋白提取试剂内匀浆,匀浆过程在冰上操作。将匀浆液置于 4 ℃,孵育 30 min。

(2)匀浆液 12000 r/min 4 ℃ 离心 10 min,取上清液。

(3)运用 BCA 蛋白分析试剂盒,以牛血清白蛋白为标准,定量样本蛋白浓度。

(4)每个样品以总蛋白量 100 μg 加入 SDS-聚丙烯酰胺凝胶内进行电泳,电泳完成后将蛋白条带转膜至硝酸纤维素膜上。

(5)转膜后的硝酸纤维素膜在 20 mmol/L Tris-HCl(pH 7.4)、140 mmol/L NaCl、0.05% Tween,另加 5%脱脂奶粉的封闭液内,室温封闭 20 min。

(6)分别将硝酸纤维素膜与 VDR 蛋白抗体(1∶500 稀释)、β-actin 蛋白抗体(1∶400稀释)进行孵育,温度为 4 ℃,孵育 12 h。

(7)洗膜后将硝酸纤维素膜与辣根过氧化物酶标记的驴抗兔 IgG(1∶8000 稀释)进行孵育,温度为室温,孵育 70 min。

(8)凝胶成像系统拍照分析。

4.1.2.14 数据处理及统计分析

将所得目的基因与内参基因的 CT 值(循环阈值)按照 $2^{-\Delta\Delta CT}$ 算法,算出相对表达量。将 Western blotting 结果图用软件先算出灰度值,再用目的基因灰度值除以内参基因灰度值,得出相对表达量,然后应用相对表达量进行统计分析。应用 SPSS 软件进行数据分析,以平均数±标准误表示。使用单因素方差分析,多重比较采用 Tukey 法,不同字母表示差异显著($P<0.01$)。

4.2　结　　果

4.2.1　*VDR* mRNA 在绵羊睾丸、附睾与卵巢中的表达

应用 *VDR*-1 引物,以睾丸、附睾、卵巢组织 cDNA 为模板,PCR 反应后的电泳结果如图 4.1 所示。第 1 泳道为 Marker;第 2 泳道为空白对照,以超纯水代替了 cDNA;第 3~5 泳道依次为睾丸、附睾、卵巢。由图可见,*VDR* mRNA 在睾丸、附睾、卵巢内均有表达。*VDR* mRNA 的 PCR 产物经过连接、转化后,将培养的含有转化子的大肠杆菌送交生工生物工程(上海)股份有限公司进行测序。经 NCBI 网站 Blast 比对,确认扩增产物为 *VDR* 基因 mRNA 部分 CDS 区序列。

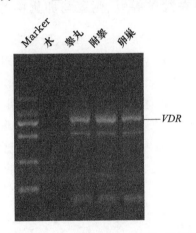

图 4.1　*VDR* mRNA 在绵羊睾丸、附睾、卵巢中的表达

4.2.2　*VDR* mRNA CDS 区全长扩增结果

应用 *VDR*-2 引物,以睾丸 cDNA 为模板,扩增绵羊 *VDR* 基因的 CDS 区全长,电泳结果如图 4.2 所示。PCR 产物经过连接、转化后,将培养的含有转化子的大肠杆菌送交生工生物工程(上海)股份有限公司进行测序。本试验扩增出 *VDR* mRNA CDS 区全长序列,翻译为蛋白后,共包含 425 个氨基酸残基,如图 4.3 所示。经NCBI网站 Blast 比较,绵羊 VDR 氨基酸序列与牛、猪、人、小鼠、大鼠的相似性分别为 95.29%、91.10%、84.44%、86.35%、87.06%,表明绵羊 *VDR* 基因在物种间高度保守。

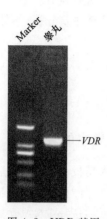

图 4.2　*VDR* 基因
CDS 区扩增电泳图

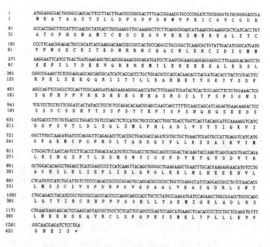

图 4.3　*VDR* 基因
CDS 区核苷酸与氨基酸序列

4.2.3　VDR 蛋白在绵羊睾丸、附睾与卵巢中的定位

使用 VDR 蛋白抗体作为一抗，对绵羊睾丸、附睾头、附睾体、附睾尾、卵巢石蜡切片进行免疫组化试验，以探究 VDR 蛋白在绵羊睾丸、附睾、卵巢组织内的表达情况，结果如图 4.4 所示。a、c、e、g、i 为试验组，分别为睾丸、附睾头、附睾体、附睾尾、卵巢切片与兔抗鼠 VDR 蛋白抗体共孵育。试验结果表明，睾丸内 VDR 蛋白主要定位于间质细胞（LC）和曲精小管（ST）内；附睾头、附睾体、附睾尾内 VDR 蛋白主要定位于附睾管上皮细胞（EC）；卵巢内 VDR 蛋白主要定位于卵巢颗粒细胞（GC）与膜细胞（TC）。b、d、f、h、j 分别为睾丸、附睾头、附睾体、附睾尾、卵巢切片阴性对照，切片与兔血清共孵育。

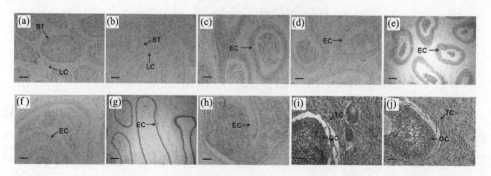

图 4.4　VDR 蛋白在绵羊睾丸、附睾、卵巢中的定位

（a、b、i、j 放大倍数为 400×，标尺为 50 μm；c～h 放大倍数为 100×，标尺为 200 μm）

4.2.4 绵羊附睾头、附睾体、附睾尾、睾丸内 *VDR* mRNA 表达差异

性成熟前及性成熟后,对附睾头、附睾体、附睾尾及睾丸组织提取总 RNA,反转录过后针对 *VDR* mRNA 进行荧光定量 PCR 试验,以探寻性成熟前后附睾头、附睾体、附睾尾及睾丸组织内 *VDR* mRNA 表达差异,结果如图 4.5 所示。对于性成熟前的绵羊,其附睾头、体、尾之间 *VDR* mRNA 表达量无显著差异($P>0.05$),但是附睾头、体、尾内 *VDR* mRNA 表达量皆显著高于睾丸内 *VDR* mRNA 表达量($P<0.01$)。对于性成熟后的绵羊,其附睾头、体、尾之间 *VDR* mRNA 表达量也无显著差异($P>0.05$),但是附睾头、体、尾内 *VDR* mRNA 表达量也显著高于睾丸内 *VDR* mRNA 表达量($P<0.01$)。另外,性成熟前与性成熟后相比较,附睾头、附睾体、附睾尾与睾丸组织内 *VDR* mRNA 表达量差异不显著($P>0.05$)。

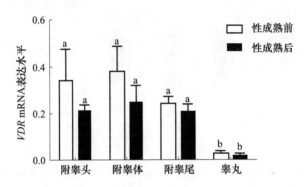

图 4.5 绵羊附睾头、附睾体、附睾尾、睾丸内 *VDR* mRNA 表达量差异
(相同字母表示 $P>0.05$,不同字母表示 $P<0.01$,下同)

4.2.5 VDR 蛋白在绵羊附睾头、附睾体、附睾尾、睾丸内的表达差异

性成熟前及性成熟后,对附睾头、附睾体、附睾尾及睾丸组织提取总蛋白,针对 VDR 蛋白进行 Western-blotting 试验,以探寻性成熟前后附睾头、附睾体、附睾尾及睾丸组织内 VDR 蛋白表达差异,结果如图 4.6 所示。对于性成熟前的绵羊,其附睾头、体、尾之间 VDR 蛋白表达量无显著差异($P>0.05$),但是附睾头、体、尾内 VDR 蛋白表达量显著高于睾丸内 VDR 蛋白表达量($P<0.01$)。对于性成熟后的绵羊,其附睾头、体、尾之间 VDR 蛋白表达量也无显著差异($P>0.05$),但是附睾头、体、尾内 VDR 蛋白表达量也显著高于睾丸内 VDR 蛋白表达量($P<0.01$)。另外,性成熟前与性成熟后相比较,附睾头、附睾体、附睾尾与睾丸组织内 VDR 蛋白表达量差异不显著($P>0.05$)。

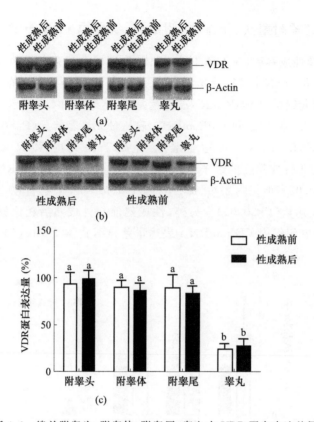

图 4.6 绵羊附睾头、附睾体、附睾尾、睾丸内 VDR 蛋白表达差异

4.3 讨　论

VDR 在动物体内许多组织器官内都有表达,比如骨骼[9]、大脑[10]、胎盘[11]、免疫 T 细胞[12]等。VDR 在某个器官内的表达,是该器官作为 VD 靶器官的一个前提条件。如果 VD 会对绵羊的生殖发挥作用,那么在绵羊的主要生殖器官内就应该有 VDR 的表达。本章的研究就是以此为目标,探寻 *VDR* mRNA 和 VDR 蛋白在绵羊睾丸、附睾、卵巢等生殖器官内的表达情况。结果表明,*VDR* mRNA 和 VDR 蛋白在绵羊睾丸、附睾和卵巢内都有表达。

对于 VDR 是否存在于睾丸细胞内的研究进行得较早,第一次关于睾丸内表达 VDR 的报道是在 1983 年[5]。至今,许多研究均表明 VDR 存在于人[1]、大鼠[5,6]、小鼠[7,8]和鸡[13]的睾丸和/或雄性生殖道内。然而,目前对于雄性绵羊生殖系统内是否存在 VDR 尚缺乏研究。本研究表明,*VDR* mRNA 及 VDR 蛋白都存在于绵羊睾丸内,VDR 蛋白主要定位于睾丸间质细胞与曲精小管内,曲精小管内的精原干细胞、各级精母细胞及支持细胞内皆有 VDR 蛋白表达。在雄性哺乳动物体内,间质细胞负责睾酮的生成与释放,本研究表明 VDR 存在于间质细胞内。但是,关于间质细胞内是否存在 VDR 是有争议的。一项大鼠的间质细胞免疫组化研究表明,VDR 不存在于大鼠的间质细胞中[6]。但是,另外一些免疫组化研究又表明,在人[1]、公鸡[13]和小鼠[14]间质细胞内探测到了 VDR。VDR 在间质细胞内的这种差异表达有可能是物种差异所导致的,也有可能仅仅是因为各个免疫组化试验时所使用的抗体不同。本研究表明,VDR 存在于绵羊睾丸间质细胞内,因此 VD 有可能会对睾酮的生成产生影响。一项体外的研究已经表明,在健康人的睾丸细胞培养体系中加入 $1\alpha,25\text{-}(OH)_2D_3$,能够直接使得睾酮合成增加[15]。

VDR 表达于睾丸支持细胞内,这一观点是得到广泛认同的,本章的研究结果也支持这一观点。支持细胞是血睾屏障的主要组成部分,它的主要功能是在整个生精过程中对生精细胞产生营养与支持作用。支持细胞分泌了许多能影响生精过程的生物活性因子,比如抗缪勒氏管激素(AMH)、抑制素 B 与性激素结合蛋白(SHBG)[16]。本章研究表明,VDR 存在于支持细胞内,因此 VD 有可能会对支持细胞的功能产生影响。一些研究也表明,VD 会影响支持细胞的功能,有报道称血清内 AMH 的水平与血清内 VD 的含量具有相关性[17];当成年男性与女性补充 VD 后,其 AMH 的产生会发生变化[18,19]。但是,对于 SHBG 与抑制素 B,在 VDR 基因敲除的小鼠与野生型小鼠中,这两个基因的转录水平没有发生变化[20,21]。另外,有研究表明,VD 能刺激体外培养大鼠支持细胞芳香化酶的表达[22]。

精原干细胞和精母细胞是精子的前体,附睾管上皮细胞具有分泌和重吸收作用。它们对于精子数目、精子形态和精子活力至关重要。本研究表明,VDR 存在于这三种细胞内,表明 VD 或许会对这三种细胞产生影响,从而对精子的发生及精子的成熟产生深远的影响。至今,已经有研究证明了 VD 会影响精子的发生,在一个 VDR 基因敲除的小鼠模型内,精子数目降低了 40%,精子活力降低了约 90%[23]。对大鼠与野猪的试验表明,VD 的缺乏会导致精子活率降低或精子畸形率增加,从而导致生育力降低[24-27]。VD 导致的精子数目降低、精子活力下降以及精子畸形率增加,可能是因为 VD 影响了精原干细胞、精母细胞及附睾管上皮细胞而引起的。

卵巢的功能主要是产生雌激素以及生成卵子。雌激素的生成主要依靠两类细胞,即卵泡膜细胞与卵泡颗粒细胞。卵泡膜细胞会生成雄激素,雄激素会经过旁分泌途径进入卵泡颗粒细胞,在卵泡颗粒细胞内芳香化酶的作用下,雄激素会转变为雌二醇,即雌激素。卵母细胞终身都会被颗粒细胞包围,颗粒细胞会分泌诸多的营养物质,以便为卵母细胞提供营养。本研究表明,VDR 蛋白存在于卵泡颗粒细胞与膜细胞内,说明 VD 可能会对卵巢中雌激素的产生以及卵母细胞的发育产生积极的影响。

本研究也得到了绵羊 VDR mRNA CDS 区全长序列。预测其翻译为蛋白后,

VDR 氨基酸残基数为 425 个。根据 Blast 序列比对,发现绵羊 *VDR* 基因保守性较强,在不同物种中 CDS 区序列及预测的蛋白质氨基酸序列相似性都超过 80%,在一些物种中其相似性甚至超过 90%。这说明 *VDR* 基因在进化的过程中变化不大,各个物种中 VDR 的功能可能是一样的;也说明 VD 作用于不同物种的细胞时,其功能可能具有相似性,这也为后续研究指明了方向。

性成熟前睾丸与附睾还未发育完全,与性成熟后的睾丸与附睾相比,其各种激素的分泌都处于较低的水平,我们猜想,如果 VD 与睾丸和附睾内各种激素分泌相关的话,那么在性成熟前,睾丸和附睾内 *VDR* mRNA 与 VDR 蛋白的表达量应该低于性成熟后睾丸与附睾内 *VDR* mRNA 与 VDR 蛋白的表达量。但是结果与预想的不同,我们发现性成熟前后绵羊睾丸和附睾内 *VDR* mRNA 及 VDR 蛋白的表达量差异不显著,说明 VDR 蛋白在性成熟前的睾丸与附睾内还具有一些未知的功能,有待进一步研究。另外,无论性成熟前还是性成熟后,绵羊睾丸内 *VDR* mRNA 及 VDR 蛋白都显著地低于绵羊附睾,说明相对于睾丸而言,VD 对于附睾的影响可能更大。

4.4 小 结

本章研究结果表明,VDR 在绵羊睾丸、附睾与卵巢内有表达,且 *VDR* 基因在各个物种中很保守。在睾丸中,VDR 蛋白主要存在于睾丸间质细胞与曲精小管生殖上皮细胞;在附睾中,VDR 主要存在于附睾上皮细胞内;在卵巢中,VDR 主要存在于卵泡颗粒细胞与卵泡膜细胞内。这些结果说明,VD 可能会对绵羊雄性与雌性生殖激素的分泌与生殖细胞的生成产生影响。

参考文献

[1] JENSEN M B, NIELSEN J E, JØRGENSEN A, et al. Vitamin D receptor and vitamin D metabolizing enzymes are expressed in the human male reproductive tract[J]. Human Reproduction, 2010, 25:1303-1311.

[2] AQUILA S, GUIDO C, PERROTTA I, et al. Human sperm anatomy: ultrastructural localization of $1\alpha, 25(OH)_2$ dihydroxyvitamin D_3 receptor and its possible role in the human male gamete[J]. Animal Science, 2008, 213: 555-564.

[3] PARIKH G, VARADINOVA M, SUWANDHI P, et al. Vitamin D regulates steroidogenesis and insulin like growth factor binding protein1 (IGFBP1) production in human ovarian cells [J]. Hormone and Metabolic Research, 2010, 42(10): 754-757.

[4] TANAMURA A, NOMURA S, KURAUCHI O, et al. Purification and characterization of 1, $25(OH)_2D_3$ receptor from human placenta[J]. Journal of Obstetrics and Gynaecology Research, 1995, 21(6): 631-639.

[5] MERKE J, KREUSSER W, BIER B, et al. Demonstration and characterisation of a testicular

receptor for 1,25-dihydroxycholecalciferol in the rat[J]. European Journal of Biochemistry, 1983, 130: 303-308.

[6] JOHNSON J A, GRANDE J P, ROCHE P C, et al. Immunohistochemical detection and distribution of the 1,25-dihydroxyvitamin D₃ receptor in rat reproductive tissues[J]. Histochemistry and Cell Biology, 1996, 105: 7-15.

[7] SCHLEICHER G, PRIVETTE T H, STUMPF W E. Distribution of soltriol [1,25(OH)₂D₃] binding sites in male sex organs of the mouse: an autoradiographic study[J]. Journal of Histochemistry and Cytochemistry, 1989, 37: 1083-1086.

[8] MAHMOUDI A R, ZARNANI A H, JEDDI T M, et al. Distribution of vitamin D receptor and 1α-hydroxylase in male mouse reproductive tract[J]. Reproductive Sciences, 2013, 20: 426-436.

[9] YANG D, ANDERSON P H, WIJENAYAKA A R, et al. Both ligand and VDR expression levels critically determine the effect of 1α,25-dihydroxyvitamin-D₃ on osteoblast differentiation [J]. Journal of Steroid Biochemistry and Molecular Biology, 2018, 177: 83-90.

[10] MORAVEJ A, KARIMI M H, GERAMIZADEH B, et al. Mesenchymal stem cells upregulate the expression of PD-L1 but not VDR in dendritic cells[J]. Immunological Communications, 2017, 46(1): 80-96.

[11] JULIA K, AURELIA V, YAO Y, et al. Role of placental VDR expression and function in common late pregnancy disorders[J]. International Journal of Molecular Sciences, 2017, 18 (11): 2340-2358.

[12] TOKICS, ŠTEFANIC M, KARNER I, et al. Altered expression of CTLA-4, CD28, VDR, and CD45 mRNA in T cells of patients with Hashimoto's thyroiditis-a pilot study[J]. Endokrynologia Polska, 2017, 68(3): 274-828.

[13] OLIVEIRA A G, DORNAS R A, KALAPOTHAKIS E, et al. Vitamin D₃ and androgen receptors in testis and epididymal region of roosters (Gallus domesticus) as affected by epididymal lithiasis[J]. Animal Reproduction Science, 2008, 109: 343-355.

[14] HIRAI T, TSUJIMURA A, UEDA T, et al. Effect of 1,25-dihydroxyvitamin D on testicular morphology and gene expression in experimental cryptorchid mouse: testis specific cDNA microarray analysis and potential implication in male infertility[J]. Journal of Urology, 2009, 181: 1487-1492.

[15] HOFER D, MÜNZKER J, ZACHHUBER V, et al. Vitamin D is associated with androgen synthesis in human testicular cells[J]. Endocrine Abstracts, 2014, 35: 947.

[16] SHI J F, LI Y K, REN K, et al. Characterization of cholesterol metabolism in Sertoli cells and spermatogenesis[J]. Molecular Medicine Reports, 2018, 17(1): 705-713.

[17] OSÓRIO J. Reproductive endocrinology: vitamin D and AMH levels are correlated in human adults[J]. Nature Reviews Endocrinology, 2012, 8(7): 380.

[18] DENNIS N A, HOUGHTON L A, JONES, G T, et al. The level of serum anti-Müllerian hormone correlates with vitamin D status in men and women but not in boys[J]. Journal of

Clinical Endocrinology and Metabolism, 2012, 97: 450-455.

[19] NADERI Z, KASHANIAN M, CHENARI L, et al. Evaluating the effects of administration of 25-hydroxyvitamin D supplement on serum anti-mullerian hormone (AMH) levels in infertile women[J]. Gynecological Endocrinology, 2018, 34(5): 409-412.

[20] ERBEN R G, SOEGIARTO D W, WEBER K, et al. Deletion of deoxyribonucleic acid binding domain of the vitamin D receptor abrogates AT and nongenomic functions of vitamin D [J]. Molecular Endocrinology, 2002, 16: 1524-1537.

[21] BLOMBERG J M, LIEBEN L, NIELSEN J E, et al. Characterization of the testicular, epididymal and endocrine phenotypes in the Leuven *Vdr*-deficient mouse model: targeting estrogen signalling[J]. Mol Cell Endocrinol, 2013, 377: 93-102.

[22] ZANATTA L, BOURAÏMA L H, DELALANDE C, et al. Regulation of aromatase expression by $1\alpha,25$-$(OH)_2$ vitamin D_3 in rat testicular cells[J]. Reproduction, Fertility, and Development, 2011, 23: 725-735.

[23] KINUTA K, TANAKA H, MORIWAKE T, et al. Vitamin D is an important factor in estrogen biosynthesis of both female and male gonads[J]. Endocrinology, 2000, 141(4): 1317-1324.

[24] KWIECINSKI G G, PETRIE G I, DELUCA H F. Vitamin D is necessary for reproductive functions of the male rat[J]. Nutrition, 1989, 119: 741-744.

[25] AUDET I, LAFOREST J P, MARTINEAU G P, et al. Effect of vitamin supplements on some aspects of performance, vitamin status, and semen quality in boars[J]. Journal of Animal Science, 2004, 82: 626-633.

[26] SOOD S, REGHUNANDANAN R, REGHUNANDANAN V, et al. Effect of vitamin D repletion on testicular function in vitamin D-deficient rats[J]. Annals of Nutrition and Metabolism, 1995, 39: 95-98.

[27] HAMDEN K, CARREAU S, JAMOUSSI K, et al. Inhibitory effects of $1\alpha,25$dihydroxyvitamin D_3 and Ajugaiva extract on oxidative stress, toxicity and hypofertility in diabetic rat testes[J]. Journal of Physiology and Biochemistry, 2008, 64:231-239.

第 5 章　VD 对绵羊睾丸细胞活力、增殖、凋亡及 cAMP 的影响

VD 是一种类固醇激素,其在体内的活性形式为 $1\alpha,25\text{-}(OH)_2D_3$,主要调节体内钙、磷的稳态与骨的代谢[1]。VD 发挥其功能需要 VDR 的介导,VDR 是核类固醇受体家族的成员[2],且存在于几乎所有组织内。在人和大鼠体内约 3% 的基因受 VD 的调控,因此 VD 具有十分广泛的生理功能[3]。

近来研究表明,VDR 也存在于雄性动物生殖系统内。对于大鼠而言,VDR 存在于睾丸生精细胞与支持细胞内,同时也存在于附睾上皮细胞与精囊腺和前列腺[4]。对于人而言,VDR 的存在部位也与大鼠相当[5]。另外,VDR 还存在于人的精子内[6]。

VDR 也存在于绵羊睾丸支持细胞、间质细胞、精原干细胞以及各级精母细胞内[7]。但是,VD 是否对绵羊睾丸细胞有作用却未曾研究。因此,本章在细胞水平上探讨 VD 对绵羊睾丸细胞活力、增殖、凋亡及细胞第二信使 cAMP(环磷酸腺苷)的影响。

5.1　材料与方法

5.1.1　试验材料

5.1.1.1　试验动物
选取山西省晋中市太谷县当地健康成年绵羊($n=4$)为研究对象。

5.1.1.2　主要仪器
超净工作台(型号:DL-CJ-1N)、CO_2 培养箱(型号:Forma310)、倒置显微镜(型号:CKX53)、高压蒸汽灭菌锅(型号:MLS3750)、全波长酶标仪(型号:Epoch)、血细胞计数板(型号:XB.K.25)、荧光显微镜(型号:PX53)、荧光定量 PCR 仪(型号:Mx3000P)、电泳仪、电泳槽(型号:DYCZ-24DN)、核酸蛋白检测系统(型号:2000/2000C)、凝胶成像系统(型号:BIO-RADXR)、超声波破碎仪(型号:Q800R)。

5.1.1.3　主要试剂
DMEM/F12 基础培养液、胎牛血清(FBS)、青链霉素混合液、0.25% 胰蛋白酶溶液、台盼蓝、CCK-8 试剂盒、$1\alpha,25\text{-}(OH)_2D_3$、凯基活细胞/凋亡细胞/坏死细胞鉴别

试剂盒、Total RNA 提取试剂（RNAiso Plus）、反转录试剂盒（PrimeScript RT reagent Kit With gDNA Eraser）、荧光定量试剂盒（SYBR Premix Ex Taq™ II）、绵羊环磷酸腺苷（cAMP）酶联免疫检测试剂盒。

5.1.2 试验方法

5.1.2.1 样品采集

在当地屠宰场将绵羊屠宰后，迅速剥离睾丸，用 75％酒精溶液冲洗消毒后，立即放入 4 ℃的无菌 PBS 缓冲液内，1 h 内带回实验室。

5.1.2.2 睾丸细胞的分离

将带回实验室的睾丸，在无菌条件下剥离脂肪组织与附睾，然后剪开并剥离睾丸表面白膜，使曲精小管完全暴露出来。将去除睾丸白膜的睾丸组织剪成糊状，然后加入 0.25％胰蛋白酶溶液，37 ℃对睾丸组织消化 30 min。消化完成后，200 目细胞筛过滤，收集滤液。1200 r/min 离心 5 min，收集细胞沉淀，最后用 PBS 缓冲液将细胞洗 3 次。

5.1.2.3 睾丸细胞的活率鉴定

细胞活率鉴定用台盼蓝排斥试验。将分离收集到的睾丸细胞用 0.4％的台盼蓝溶液进行染色 5 min，染色后在显微镜下镜检。蓝色细胞为死细胞，未染色细胞为活细胞。用血细胞计数板对活细胞与总细胞进行计数，并计算出活细胞比例。

5.1.2.4 细胞短期培养

短期细胞培养用于 CCK-8 检测细胞活力，CCK-8 近来广泛用于细胞活力检测，其能与细胞线粒体内脱氢酶进行反应，生成黄色的甲臜化合物。该化合物在 450 nm 波长处有最大吸收值，因此可以用酶标仪在 450 nm 处检测吸光度值。吸光度值越高，则说明生成的黄色甲臜化合物越多，表明细胞活力越强。

将收集到的绵羊睾丸细胞接种于 96 孔培养板内，每孔接种活细胞数为 1×10^4 个。培养液为加入了 10％ FBS、100 IU/mL 青霉素与 0.1 mg/mL 链霉素的 DMEM/F12 培养液。试验总共分为 4 个梯度，每个梯度内分别加入终浓度为 0 nmol/L、1 nmol/L、10 nmol/L、100 nmol/L 的 $1\alpha,25\text{-(OH)}_2D_3$。每孔内培养液总体积为 100 μL，每个梯度设定 5 个复孔，试验重复 4 次。35 ℃、5％ CO_2 浓度、饱和湿度的条件下培养 24 h。24 h 后，每孔加入 10 μL 的 CCK-8 溶液，继续培养 3 h。3 h 后将 96 孔培养板放入酶标仪，450 nm 波长下检测每孔吸光度值。

5.1.2.5 细胞长期培养

长期细胞培养用于睾丸细胞增殖、凋亡及 cAMP 检测。将收集到的绵羊睾丸细胞接种于 24 孔培养板内，每孔接种活细胞数为 5×10^4 个。培养液为加入了 10％ FBS、100 IU/mL 青霉素与 0.1 mg/mL 链霉素的 DMEM/F12 培养液。试验总共分为 4 个梯度，每个梯度内分别加入终浓度为 0 nmol/L、1 nmol/L、10 nmol/L、

100 nmol/L的 $1\alpha,25\text{-}(OH)_2D_3$。每孔内培养液总体积为 3 mL,每个梯度设定 3 个复孔,试验重复 4 次。35 ℃、5% CO_2 浓度、饱和湿度的条件下培养 4 d。细胞培养 4 d后,胰酶消化收集各孔细胞,并使用血细胞计数板对各孔细胞进行计数。

5.1.2.6　细胞凋亡染色检测

绵羊睾丸细胞培养 4 d 后,将收集到的睾丸细胞用凯基活细胞/凋亡细胞/坏死细胞鉴别试剂盒进行染色,以检测正常细胞与凋亡细胞。细胞凋亡染色检测参照说明书,具体步骤如下。

(1)将培养后收集的各个梯度的细胞用 PBS 缓冲液洗涤 2 次,将细胞用 PBS 缓冲液稀释为 $5 \times 10^5 \sim 6 \times 10^6$ 个/mL 浓度的细胞悬液。

(2)将凯基活细胞/凋亡细胞/坏死细胞鉴别试剂盒内的 Dye Reagent 1 和 Dye Reagent 2 等体积混合均匀。

(3)吸取第(2)步中的混合液 1 μL,加入 25 μL 第(1)步中的细胞悬液内,迅速混匀。

(4)吸取适量体积第(3)步中混匀的液体,置于洁净的载玻片上,盖上盖玻片。

(5) 510 nm 激发波长荧光显微镜下观察,对绿色与橙色荧光细胞进行计数,计数总数不低于 200 个细胞。绿色为正常细胞,橙色为凋亡细胞。

5.1.2.7　细胞凋亡相关基因检测

不同浓度 $1\alpha,25\text{-}(OH)_2D_3$ 下,绵羊睾丸细胞凋亡相关基因 $p53$、bax、$bcl\text{-}2$ 表达量的变化情况使用荧光定量 PCR 技术进行检测,荧光定量具体步骤如下。

(1)引物设计

绵羊凋亡相关基因 $p53$、bax、$bcl\text{-}2$ 与内参基因 $18s$ 的引物序列如表 5.1 所示。

表 5.1　Real-time PCR 所用引物序列

基因名称		引物序列
$p53$	上游引物	5'- CCC GCC TCA GCA CCT TAT -3'
	下游引物	5'- GCA CAA ACA CGC ACC TC -3'
bax	上游引物	5'- CGA GTG GCG GCT GAA AT -3'
	下游引物	5'- GGT CTG CCA TGT GGG TGT C-3'
$bcl\text{-}2$	上游引物	5'- CGC ATC GTG GCC TTC TTT -3'
	下游引物	5'- CGG TTC AGG TAC TCG GTC ATC-3'
$18s$	上游引物	5'- CAG ACA AAT CAC TCC ACC AA -3'
	下游引物	5'- GAA GGG CAC CAC CAG GAG T -3'

(2) RNA 提取

收集培养 4 d 后的绵羊睾丸细胞,使用 RNAiso Plus 提取其总 RNA。操作流程参照提取试剂盒说明书。所用耗材皆为无 RNA 酶的耗材,具体操作步骤如下。

① 将收集到的绵羊睾丸细胞置于 1.5 mL 离心管内,使用 RNAiso Plus 溶解收集到的绵羊睾丸细胞,1×10^6 个细胞使用约 1 mL RNAiso Plus 进行溶解。溶解后,室温静置 5 min。

② 12000 r/min 4 ℃离心 5 min。吸取上清液至一个新的 1.5 mL 离心管内。

③ 在第②步的新离心管内,加入上清液体积 1/5 的氯仿,盖紧离心管管盖,剧烈振荡离心管 15 s 至溶液呈乳白色(充分乳化),室温静置 5 min。12000 r/min 4 ℃离心 15 min。

④ 离心后离心管内液体分为 3 层,最上层为无色上清液,中间层为白色蛋白层,最下层为红色有机相。轻轻吸取上清液至另一个新离心管中,切忌吸出中间的白色蛋白层。向吸出的上清液中加入等体积的异丙醇,上下轻轻颠倒离心管充分混匀后,在室温下静置 10 min。12000 r/min 4 ℃离心 10 min。

⑤ 一般情况下,离心后试管底部会有 RNA 沉淀。轻轻地弃去上清液,沿离心管管壁轻轻加入 1 mL 75%的乙醇,轻轻上下颠倒离心管以清洗 RNA 沉淀。12000 r/min 4 ℃离心 5 min,轻轻倒掉乙醇,在滤纸上将未倒净的乙醇尽量吸干。

⑥ RNA 沉淀干燥后,用约 30 μL 无 RNA 酶的超纯水溶解 RNA。RNA 溶解后,使用核酸蛋白检测系统测定每个样品的 RNA 浓度,然后用无 RNA 酶的超纯水将 RNA 稀释到统一浓度后放入−80 ℃超低温冰箱备用。

(3)基因组 DNA 的去除与反转录

基因组 DNA 去除与反转录使用 PrimeScript RT reagent Kit With gDNA Eraser。基因组 DNA 去除所需试剂如表 5.2 所示。

表 5.2 基因组 DNA 去除所需试剂

试剂名称	使用量
5×gDNA Eraser Buffer	2 μL
gDNA Eraser	1 μL
总 RNA	< 1 μg
超纯水	补齐 10 μL

试剂加好后,42 ℃孵育 2 min,以去除基因组 DNA。基因组 DNA 去除后,继续向管内加入反转录所需试剂,如表 5.3 所示。

表 5.3 反转录所需试剂

试剂名称	使用量(μL)
5×PrimeScript Buffer 2	4
PrimeScript RT Enzyme Mix I	1
RT Primer Mix	1
超纯水	4

试剂加好后,37 ℃孵育 10 min,85 ℃孵育 5 s,以完成反转录反应。

(4)荧光定量 PCR

将反转录好的所有 cDNA 样品都稀释 10 倍,使用 SYBR Premix Ex Taq™ II 进行 Real-time PCR 反应。Real-time PCR 反应体系如表 5.4 所示。

表 5.4　Real-time PCR 反应体系

试剂名称	使用量（μL）
SYBR Premix Ex Taq™ II（2×）	10
上游引物（10 μmol/L）	0.8
下游引物（10 μmol/L）	0.8
ROX Reference Dye（50×）	0.4
DNA 模板	2
超纯水	6

(5)标曲制作

将反转录所得 cDNA 按 2 倍梯度进行稀释。每个梯度作为 1 个样品,每个样品分别加入 $p53$、bax、bcl-2 基因与 18s 基因引物进行 Real-time PCR 反应。反应所加试剂与反应条件如上所述。

5.1.2.8　cAMP 测定

将培养 4 d 的绵羊睾丸细胞收集后,进行超声波破碎。破碎条件为:振幅70 Hz,破碎 30 s,暂停 30 s,重复 20 次。期间一直用流水保持样品低温。破碎后的细胞测定蛋白浓度后,立即进行 cAMP 测定。测定方法参照说明书,具体步骤如下。

(1)依次将 50 μL 浓度为 64 nmol/L、32 nmol/L、16 nmol/L、8 nmol/L、4 nmol/L、0 nmol/L 的标准品加入酶标孔内,然后将 50 μL 各个样品依次加入酶标孔内。

(2)每孔内再加入 50 μL HRP(辣根过氧化物酶)试剂,轻轻摇晃后,盖上封板膜,37 ℃孵育 60 min。

(3)孵育后,将板内液体弃去,用洗涤液清洗各孔 5 次,拍干。

(4)每孔加入显色剂 A 50 μL,然后加入显色剂 B 50 μL。在一个新孔内加入显色剂 A 50 μL,然后加入显色剂 B 50 μL,作为空白孔。

(5)将酶标板在 37 ℃避光孵育 10 min。

(6)每孔加入终止液 50 μL,终止反应。使用酶标仪在 450 nm 波长处测定各孔 OD 值。

5.1.2.9　数据处理及统计分析

对于细胞活力试验,以不添加 1α,25-(OH)$_2$D$_3$ 为对照组,其平均吸光度值定为 100%,各孔吸光度值皆以此值换算成百分数,然后将所有百分数数据进行统计分析。对于细胞增殖试验,用细胞计数结果直接进行统计分析。对于凋亡染色,每个样品计数不低于 200 个细胞,算出正常细胞与凋亡细胞的百分比,然后用百分比作为数据进行统计分析。对于荧光定量,将所得目的基因与内参基因的 CT 值按照 $2^{-\Delta\Delta CT}$ 算法,算出相对表达量,运用相对表达量进行统计分析。对于 cAMP 试验,各孔 OD 值减去空白孔 OD 值后,得出最终 OD 值。用 Logistics 曲线(四参数)拟合各个浓度标准品的最终 OD 值,横坐标为 cAMP 浓度,纵坐标为最终 OD 值。计算出标准曲线的方程式,然后使用此方程式,结合各个样品的最终 OD 值,计算出各个样品内的 cAMP 浓度。以各个样品内的 cAMP 浓度作为数据进行统计分析。

所有数据应用 SPSS 软件进行分析,数据以平均数±标准误表示。使用单因素方差分析,多重比较采用 Tukey 法。

5.2　结　果

5.2.1　绵羊睾丸细胞的活率

采样分离睾丸细胞后,用台盼蓝检测其活率。镜检结果显示,被台盼蓝染为蓝色的死细胞很少,细胞活率在 90% 以上。证明用此法分离绵羊睾丸细胞效果很好。

5.2.2　$1\alpha,25\text{-}(OH)_2D_3$ 对绵羊睾丸细胞活力的影响

绵羊睾丸细胞在体外培养 24 h 后,经 CCK-8 检测,$1\alpha,25\text{-}(OH)_2D_3$ 对睾丸细胞活力的影响如图 5.1 所示。培养液未添加 $1\alpha,25\text{-}(OH)_2D_3$ 的对照组其活力定为 100%,与未添加 $1\alpha,25\text{-}(OH)_2D_3$ 的对照组相比,当 $1\alpha,25\text{-}(OH)_2D_3$ 添加量为 1 nmol/L、10 nmol/L 与 100 nmol/L 时,绵羊睾丸细胞活力都得到显著提升。其中,当 $1\alpha,25\text{-}(OH)_2D_3$ 添加量为 10 nmol/L 时,绵羊睾丸细胞的活力最高($P < 0.01$)。

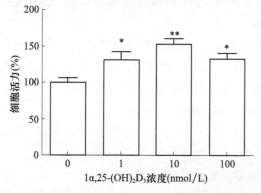

图 5.1　$1\alpha,25\text{-}(OH)_2D_3$ 对绵羊睾丸细胞活力的影响

(* 表示 $P < 0.05$,* * 表示 $P < 0.01$,下同)

5.2.3　1α,25-(OH)₂D₃对绵羊睾丸细胞增殖的影响

$1\alpha,25$-(OH)$_2$D$_3$对绵羊睾丸细胞增殖的影响如图 5.2 所示。睾丸细胞在各个梯度 $1\alpha,25$-(OH)$_2$D$_3$下培养 4 d 后,细胞数目比第 1 d 接种时都有上升。但是,与未添加 $1\alpha,25$-(OH)$_2$D$_3$的对照组相比,当 $1\alpha,25$-(OH)$_2$D$_3$添加量为 1 nmol/L、10 nmol/L 与 100 nmol/L 时,差异均不显著($P>0.05$)。

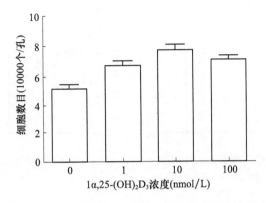

图 5.2　$1\alpha,25$-(OH)$_2$D$_3$对绵羊睾丸细胞增殖的影响

5.2.4　1α,25-(OH)₂D₃对绵羊睾丸细胞凋亡率的影响

睾丸细胞培养液内加入不同浓度 $1\alpha,25$-(OH)$_2$D$_3$培养 4 d 后,经凋亡染色检测,可以得出不同浓度 $1\alpha,25$-(OH)$_2$D$_3$下睾丸细胞的凋亡率,结果如图 5.3 所示。各个浓度 $1\alpha,25$-(OH)$_2$D$_3$下凋亡细胞占总细胞的比例都在 30%～40%,各个浓度 $1\alpha,25$-(OH)$_2$D$_3$下绵羊睾丸细胞的凋亡率差异不显著($P>0.05$)。

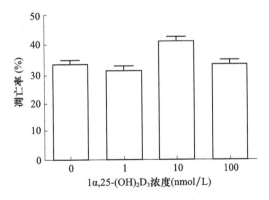

图 5.3　$1\alpha,25$-(OH)$_2$D$_3$对绵羊睾丸细胞凋亡率的影响

5.2.5　$1\alpha,25$-$(OH)_2D_3$ 对 *p53*、*bax*、*bcl-2* 基因表达量的影响

绵羊睾丸细胞体外培养 4 d 后,不同浓度 $1\alpha,25$-$(OH)_2D_3$ 对 *p53*、*bax*、*bcl-2* 基因表达量的影响如图 5.4 所示。不同浓度 $1\alpha,25$-$(OH)_2D_3$ 对 *p53*、*bax*、*bcl-2* 基因表达量没有显著影响($P>0.05$)。

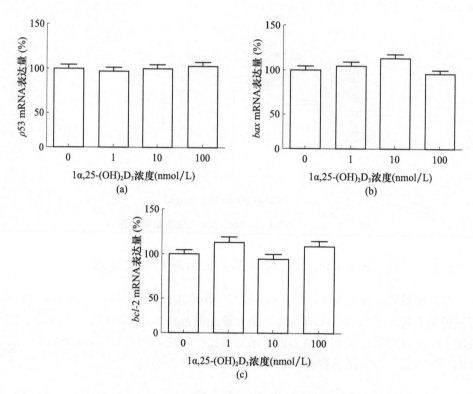

图 5.4　$1\alpha,25$-$(OH)_2D_3$ 对 *p53*、*bax*、*bcl-2* 基因表达量的影响

5.2.6　cAMP 标准曲线与方程式

应用 Logistics 曲线(四参数)拟合出的标准曲线如图 5.5 所示。拟合度为 0.998,方程式为:$y=(2.91302-0.47222)/[1+(x/7.93427)^{1.02946}]+0.47222$。

5.2.7　$1\alpha,25$-$(OH)_2D_3$ 对绵羊睾丸细胞内 cAMP 浓度的影响

绵羊睾丸细胞在不同浓度 $1\alpha,25$-$(OH)_2D_3$ 条件下培养 4 d 后,细胞内 cAMP 浓度如图 5.6 所示。当培养液内 $1\alpha,25$-$(OH)_2D_3$ 的添加量为 1 nmol/L 时,绵羊睾丸细胞内 cAMP 浓度有所上升,但是与对照组相比差异不显著($P>0.05$)。当 $1\alpha,25$-$(OH)_2D_3$ 的添加量继续上升为 10 nmol/L 与 100 nmol/L 时,绵羊睾丸细胞内

cAMP 浓度继续上升,与不添加 $1\alpha,25\text{-}(OH)_2D_3$ 的对照组相比,细胞内 cAMP 浓度有显著上升($P<0.01$)。

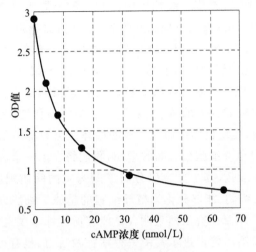

图 5.5　cAMP 标准曲线

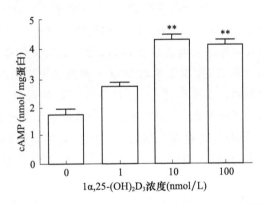

图 5.6　$1\alpha,25\text{-}(OH)_2D_3$ 对绵羊睾丸细胞内 cAMP 浓度的影响

5.3　讨　　论

VD 有广泛的生理功能,其在其他非生殖细胞上的作用已有大量的研究。对于其他非生殖细胞而言,VD 有提高细胞活力、促进增殖的作用[8]。VD 要在靶细胞上发挥作用,需要 VDR 协助。如今,已经在绵羊睾丸上发现 VDR 的存在[7]。因此,本章首先使用 CCK-8 试验来判定 $1\alpha,25\text{-}(OH)_2D_3$ 是否对绵羊睾丸细胞的活力产生影响,并以此为基础展开后续研究。

CCK-8 试剂是 MTT 试剂的升级产品,近年来广泛应用于细胞活力检测[9-11]。

CCK-8 试剂中含有 WST-8,即 2-(2-甲氧基-4-硝基苯基)-3-(4-硝基苯基)-5-(2,4-二磺酸苯)-2H-四唑单钠盐。它在电子载体 1-甲氧基-5-甲基吩嗪硫酸二甲酯(1-Methoxy PMS)的作用下,被细胞线粒体中的脱氢酶还原为具有高度水溶性的黄色甲臜产物。然后在 450 nm 波长下检测光吸收,细胞活力越强,则吸光度值越高。本研究发现,适当浓度的 $1\alpha,25\text{-}(OH)_2D_3$ 能够提高睾丸细胞的活力,这为进一步研究 VD 对于睾丸细胞功能的影响奠定了基础。根据 CCK-8 试剂的工作原理,我们可以发现 $1\alpha,25\text{-}(OH)_2D_3$ 提高了睾丸细胞线粒体内脱氢酶的活力。线粒体内的脱氢酶(如苹果酸脱氢酶、琥珀酸脱氢酶等)主要负责细胞的糖代谢,其将细胞质内由葡萄糖代谢产生的丙酮酸,在线粒体内通过三羧酸循环变为源源不断的能量物质[12]。至于 $1\alpha,25\text{-}(OH)_2D_3$ 对睾丸细胞糖代谢的影响,我们将在下一章进行讨论。

睾丸内含有多种细胞,其主要有以分泌睾酮为主的间质细胞、对生精细胞起支持与营养作用的支持细胞、能够分化为精母细胞的精原干细胞以及最终分化为精子的各级精母细胞[13]。本章研究虽然表明 VD 能够促进绵羊睾丸细胞的活力,但是睾丸内细胞种类多,VD 有可能促进了其中一种细胞的活力,也有可能促进了多种细胞的活力,这一点还需要进一步分离纯化出各种类型的细胞进行研究才能确定。总之,目前确定了 VD 对睾丸细胞活力有影响,至少证明了 VD 对睾丸细胞有作用。

对于一些非生殖细胞,$1\alpha,25\text{-}(OH)_2D_3$ 能够促进其增殖[8]。本章研究发现,虽然 $1\alpha,25\text{-}(OH)_2D_3$ 对睾丸细胞活力有促进作用,但是其对睾丸细胞的增殖没有显著影响。对于成年动物睾丸而言,间质细胞与精原干细胞是可增殖的。但是,睾丸间质细胞仅仅占睾丸总细胞数的 2%～4%[14]。且体外培养的精原干细胞容易凋亡[15]。成年睾丸的支持细胞是不增殖的[13]。各级精母细胞也是不增殖的,且容易凋亡[16]。因此我们推测,$1\alpha,25\text{-}(OH)_2D_3$ 对睾丸细胞的增殖没有显著影响可能是因为睾丸内可增殖的细胞数量不多,也可能是由于 $1\alpha,25\text{-}(OH)_2D_3$ 对绵羊睾丸细胞的增殖不产生影响。

p53 被称为抑癌基因,能够促使受损但又得不到修复的细胞发生凋亡,可以被视为一种促进凋亡的基因[17]。bax 和 bcl-2 是一对调控凋亡的基因,前者促进凋亡,后者抑制凋亡,常将其比值作为分析依据[18]。此三个基因在许多试验中都用来评估细胞的凋亡水平。睾丸内许多细胞都会发生凋亡,细胞凋亡主要发生在生精细胞中。生精细胞的大部分都会发生凋亡,只有小部分会形成精子。当有外界毒性刺激后,生精细胞的凋亡将更加显著[17]。因此,对睾丸细胞凋亡的检测,可以判定 $1\alpha,25\text{-}(OH)_2D_3$ 对睾丸细胞的毒性作用,或是营养作用,以减少细胞的凋亡。本研究运用了凋亡染色,并结合对以上三个基因的荧光定量,检测 VD 对睾丸细胞凋亡的影响。结果表明,VD 对睾丸细胞的凋亡没有影响。这说明本试验选定的 $1\alpha,25\text{-}(OH)_2D_3$ 浓度范围,没有对绵羊睾丸细胞造成较大的毒性作用,同时也没有表现出抗凋亡作用。

cAMP 是细胞内信号传导的第二信使,当细胞膜上的受体与第一信使(配体)结合后,会刺激细胞产生 cAMP,进而引起细胞的各种生理活动。VD 在一些细胞内能够促进 cAMP 的产生[19,20],这一点在本章试验中也得以体现。本章试验表明,在适当浓度下,$1\alpha,25\text{-}(OH)_2D_3$ 能够刺激绵羊睾丸细胞内 cAMP 的产生。由于 cAMP 为细胞第二信使,许多细胞的生理反应都由 cAMP 来介导。因此,这个结果为 $1\alpha,25\text{-}(OH)_2D_3$ 在睾丸细胞内发挥生理功能奠定了基础。

5.4　小　　结

本研究结果表明,$1\alpha,25\text{-}(OH)_2D_3$ 能够提高绵羊睾丸细胞的活力,能够促进绵羊睾丸细胞内 cAMP 的生成。但是 $1\alpha,25\text{-}(OH)_2D_3$ 对绵羊睾丸细胞增殖无显著的影响,且对绵羊睾丸细胞凋亡无显著的影响。

参考文献

[1] LIPS P. Vitamin D physiology[J]. Progress in Biophysics and Molecular Biology, 2006, 92: 4-8.

[2] SUNN K L, COCK T A, CROFTS L A. , et al. Novel N-terminal variant of human VDR[J]. Molecular Endocrinology, 2001, 15: 1599-1609.

[3] BOUILLON R, CARMELIET G, VERLINDEN L, et al. Vitamin D and human health lessons from vitamin D receptor null mice[J]. Endocrine Reviews, 2008, 29: 726-776.

[4] JOHNSON J A, GRANDE J P, ROCHE P C, et al. Immunohistochemical detection and distribution of the 1,25-dihydroxyvitamin D_3 receptor in rat reproductive tissues[J]. Histochemistry and Cell Biology, 1996, 105: 7-15.

[5] BLOMBERGJ M, NIELSEN J E, JØRGENSEN A, et al. Vitamin D receptor and vitamin D metabolizing enzymes are expressed in the human male reproductive tract[J]. Hum Reprod, 2010, 25: 1303-1311.

[6] AQUILA S, GUIDO C, PERROTTA I, et al. Human sperm anatomy: ultrastructural localization of $1\alpha,25$-dihydroxyvitamin D_3 receptor and its possible role in the human male gamete [J]. Journal of Anatomy, 2008, 213: 555-564.

[7] HUI J, YANG H, GUANG J, et al. The vitamin D receptor localization and mRNA expression in ram testis and epididymis[J]. Animal Reproduction Science, 2015, 153: 29-38.

[8] BOUILLON R, OKAMURA W H, NORMAN A W. Structure-function relationships in the vitamin D endocrine system[J]. Endocrine Reviews, 1995, 16: 200-257.

[9] QI W W, NIU J Y, QIN Q J, et al. Astragaloside IV attenuates glycated albumin-induced epithelial-to-mesenchymal transition by inhibiting oxidative stress in renal proximal tubular cells [J]. Cell Stress and Chaperones, 2014, 19:105-114.

[10] HASHIMOTO D, OHMURAYA M, HIROTA M, et al. Involvement of autophagy in trypsinogen activation within the pancreatic acinar cells[J]. Journal of Cell Biology, 2008, 181:

1065-1072.

[11] JIANG W, ZHANG Y, XIAO L, et al. Cannabinoids promote embryonic and adult hippo-campus neurogenesis and produce anxiolytic-and antidepressant-like effects[J]. The Journal of Clinical Investigation, 2005, 115: 3104-3116.

[12] 邹思湘. 动物生物化学[M]. 北京:中国农业出版社,2005:146-154.

[13] 朱士恩. 动物生殖生理学[M]. 北京:中国农业出版社,2006:83-95.

[14] 刘建中,郭海彬,邓春华,等. 大鼠睾丸 Leydig 细胞的培养和鉴定[J]. 中华男科学杂志,2006,12(1):14-18.

[15] KANATSU S M, SHINOHARA T. Spermatogonial stem cell self-renewal and development [J]. Annual Review of Cell and Developmental Biology, 2013, 29: 163-187.

[16] 曲东明,赵亚朴. 生精细胞的凋亡研究进展[J]. 医学综述,2000,7:291-292.

[17] BOTCHKAREV V A, KOMAROVA E A, SIEBENHAAR F, et al. P53 involvement in the control of murine hair follicle regression[J]. The American Journal of Pathology, 2001, 158: 1913-1919.

[18] CHEN L Q, WEI J S, LEI Z N, et al. Induction of Bcl-2 and Bax was related to hyperphos-phorylation of tau and neuronal death induced by okadaic acid in rat brain[J]. The Anatomical Record, 2005, 287(2): 1236-1245.

[19] VAZQUEZ G, BOLAND R, DEBOLAND A R. Modulation by $1\alpha,25(OH)_2$-vitamin D_3 of the adenyl cyclase cyclic AMP pathway in rat and chick myoblasts[J]. Biochimica et Biophysica Acta, 1995, 1269: 91-97.

[20] ZANATTA L, ZAMONER A, ZANATTA A P, et al. Nongenomic and genomic effects of $1\alpha,25(OH)_2$ vitamin D_3 in rat testis[J]. Life Sciences, 2011, 89: 515-523.

第 6 章　VD 对绵羊睾丸细胞糖代谢的影响

糖类是细胞的主要供能物质,细胞从外界吸收糖类物质(主要是葡萄糖),经过无氧呼吸或者有氧呼吸,将糖类物质转化为自身的能量物质。在第 2 章中我们已经发现,在体外培养的情况下,$1\alpha,25\text{-}(OH)_2D_3$ 能够使绵羊睾丸细胞线粒体脱氢酶活力提高。线粒体脱氢酶(如苹果酸脱氢酶、琥珀酸脱氢酶等)都参与细胞糖代谢,且 $1\alpha,25\text{-}(OH)_2D_3$ 对于睾丸细胞糖代谢影响的研究还未见报道。因此,本章将对 $1\alpha,25\text{-}(OH)_2D_3$ 对绵羊睾丸细胞糖代谢的影响展开研究。

6.1　材料与方法

6.1.1　试验材料

6.1.1.1　试验动物
选取山西省晋中市太谷县当地健康成年绵羊($n=4$)为研究对象。

6.1.1.2　主要仪器
超净工作台(型号:DL-CJ-1N)、分光光度计(型号:UV2000)、CO_2 培养箱(型号:Forma310)、倒置显微镜(型号:CKX53)、高压蒸汽灭菌锅(型号:MLS3750)、全波长酶标仪(型号:Epoch)、超声波破碎仪(型号:Q800R)。

6.1.1.3　主要试剂
葡萄糖测定试剂盒、乳酸测定试剂盒、己糖激酶(HK)测定试剂盒、丙酮酸激酶测定试剂盒、丙酮酸测定试剂、乳酸脱氢酶测定试剂盒、柠檬酸合酶测定试剂盒、琥珀酸脱氢酶测定试剂盒、$1\alpha,25\text{-}(OH)_2D_3$、DMEM/F12 基础培养液、胎牛血清(FBS)、青链霉素混合液、0.25% 胰蛋白酶溶液、台盼蓝。

6.1.2　试验方法

6.1.2.1　样品采集
同第 2 章。

6.1.2.2　细胞培养
将收集到的绵羊睾丸细胞接种于 6 孔板内,每孔接种细胞数为 1×10^6 个。培养液为加入了 10% FBS、100 IU/mL 青霉素与 0.1 mg/mL 链霉素的 DMEM/F12 培养液。试验共分为 4 个梯度,每个梯度内分别加入终浓度为 0 nmol/L、1 nmol/L、10 nmol/L、100 nmol/L 的 $1\alpha,25\text{-}(OH)_2D_3$。每孔内培养液总体积 3 mL,每个梯度设定 3 个复孔,试验重复 4 次。35 ℃、5% CO_2 浓度、饱和湿度的条件下培养 48 h 后,收集 100 μL 细胞上清液,用于葡萄糖及乳酸浓度的测定。然后,细胞继续培养至 96 h 并收集细胞。收集到的细胞,每孔用 500 μL PBS 缓冲液重悬后进行超声波破碎,破碎时设定振幅 70 Hz,破碎 30 s,暂停 30 s,重复 20 次。破碎后立即测定蛋白浓度,用于测定糖代谢相关酶活力。

6.1.2.3 细胞上清液内葡萄糖的测定

样本中的葡萄糖经葡萄糖氧化酶作用,生成葡萄糖酸与过氧化氢,后者在过氧化物酶的作用下,将还原性 4-氨基安替比林与酚偶联缩合成可被分光光度计测定的醌类化合物。因此,可以用分光光度计测定样品中葡萄糖的浓度。

将细胞上清液 1200 r/min 离心 10 min,取上清液。上清液内葡萄糖测定参照说明书,具体步骤如下。

(1)预先配制试剂工作液:将 R1 试剂与 R2 试剂等量混合均匀。

(2)葡萄糖的测定分为空白管、校准管、质控管与样本管,各管内所加试剂如表 6.1 所示。

表 6.1 葡萄糖测定各管内所加试剂

	空白管	校准管	质控管	样本管
工作液（μL）	1000	1000	1000	1000
蒸馏水（μL）	10	—	—	—
5.55 mmol/L 校准品（μL）	—	10	—	—
质控品（μL）	—	—	10	—
样本（μL）	—	—	—	10

(3)各管加好试剂后充分混匀,置于 37 ℃水浴 15 min。显色后颜色可稳定 2 h 以上。用分光光度计在 505 nm 波长处测定各管的 OD 值。双蒸水调零,光径 1 cm。

6.1.2.4 细胞上清液内乳酸的测定

以 NAD^+（烟酰胺腺嘌呤二核苷酸）为氢受体,乳酸脱氢酶催化乳酸脱氢,产生丙酮酸,使 NAD^+ 转化为 NADH（还原型辅酶Ⅰ）。其中,PSM（吩嗪硫酸甲酯）递氢使 NBT（氯化硝基四氮唑蓝）还原为紫色呈色物,呈色物在 530 nm 时与乳酸含量呈线性关系。因此,可以用分光光度计测定样品中乳酸含量。

将细胞上清液 1200 r/min 离心 10 min,取上清液。上清液内乳酸测定参照说明书,具体步骤如下。

(1)配制酶工作液:临用前将试剂二（酶储备液）和试剂一（酶稀释液）按照 1:100 的体积比进行混合,现用现配,2～8 ℃保存 24 h 内有效。

(2)配制显色剂:使用前取出试剂四粉剂 1 支,倒入 1 瓶试剂三液体中,待粉剂全部溶解后,用微量移液器取少许液体,打入装试剂四的小离心管中,反复颠倒离心管,再用微量移液器将离心管中的液体转移到装液体三的瓶中,如此反复 2~3 次,使二者充分混匀,配成显色剂。2~8 ℃避光保存 2 周内有效。

(3)乳酸的测定分为空白管、标准管与测定管,各管所加试剂如表 6.2 所示。

表 6.2　乳酸测定各管内所加试剂

	空白管	标准管	测定管
双蒸水 (mL)	0.02	—	—
3 mmol/L 标准液 (mL)	—	0.02	—
待测样本 (mL)	—	—	0.02
酶工作液 (mL)	1	1	1
显色剂 (mL)	0.2	0.2	0.2

(4)试剂加好后,充分混匀,37 ℃水浴锅内反应 10 min,然后在各管加入终止液 2 mL。

(5)各管加入终止液后,充分混匀,使用分光光度计在 530 nm 波长处测定各管的 OD 值。双蒸水调零,光径 1 cm。

6.1.2.5　己糖激酶的测定

己糖激酶是葡萄糖分解的第一步,也是无氧分解的第一个限速酶。因此,测定此酶具有一定意义。将细胞破碎后的样品立即进行己糖激酶的测定,测定方法参照试剂盒,具体步骤如下。

(1)临用时,将试剂二用双蒸水 1∶9 稀释,每支试剂三加 1 mL 双蒸水,每支试剂四加 1 mL 双蒸水,现用现配。

(2)按照试剂一∶试剂二∶试剂三∶试剂四∶试剂五∶双蒸水＝20∶10∶5∶20∶1∶40 配制工作液,现用现配。工作液临用前 37 ℃预温 10 min。

(3)向相应编号的管中加入待测样本 50 μL,吸取已预温好的工作液 0.96 mL 移入管中,快速混匀并计时。

(4)30 s 后使用分光光度计在 340 nm 处测定吸光度值 A1,光径 0.5 cm,双蒸水调零。

(5)将液体再次倒入管中,37 ℃水浴 2 min,使用分光光度计相同条件下测定吸光度值 A2。

6.1.2.6　丙酮酸激酶的测定

丙酮酸激酶是葡萄糖无氧分解的第三个限速酶,也是催化丙酮酸生成的酶类。将细胞破碎后的样品立即进行丙酮酸激酶的测定,测定方法参照试剂盒,具体步骤如下。

(1)临用时,试剂二每支粉剂加入 1.4 mL 的双蒸水,混匀;试剂四每支粉剂加入

0.32 mL 的双蒸水,混匀;试剂五每支粉剂加入 0.65 mL 的双蒸水,混匀。

(2)丙酮酸激酶的测定分为测定管与对照管,各管所加试剂如表 6.3 所示。

表 6.3　丙酮酸激酶测定各管内所加试剂

	测定管	对照管
试剂一（mL）	1	1
试剂二（mL）	0.05	0.05
试剂三（mL）	0.05	0.05
试剂四（mL）	0.025	0.025
试剂五（mL）	0.05	0.05

(3)试剂加完后,充分混匀,37 ℃水浴 10 min。

(4)向测定管内加入样本 0.02 mL,对照管内加入双蒸水 0.02 mL。

(5)试剂加好后,快速混匀,30 s 后使用分光光度计在 340 nm 波长下测定初始吸光度值 A1,0.5 cm 光径,双蒸水调零。

(6)再将液体放入 37 ℃水浴 15 min,使用分光光度计相同条件下测定吸光度值 A2。

6.1.2.7　丙酮酸的测定

丙酮酸是生成乳酸的前体,同时也是转化为乙酰 CoA(乙酰辅酶 A)的前体。将细胞破碎后的样品立即进行丙酮酸的测定,丙酮酸测定参照试剂盒说明书,具体步骤如下。

(1)丙酮酸测定分为空白管、标准管与测定管,各管内所加试剂如表 6.4 所示。

表 6.4　丙酮酸测定各管内所加试剂

	空白管	标准管	测定管
双蒸水（mL）	0.1	—	—
0.2 μmol/mL 丙酮酸标准液	—	0.1	—
待测样本（mL）	—	—	0.1
试剂二（mL）	0.5	0.5	0.5

(2)试剂加好后,充分混匀,37 ℃水浴 10 min,然后各管再加入试剂三 2.5 mL。

(3)试剂加好后,充分混匀,室温放置 5 min,用分光光度计于 505 nm 处测定各管吸光度值,光径 1 cm,双蒸水调零。

6.1.2.8　乳酸脱氢酶的测定

乳酸脱氢酶是催化丙酮酸生成乳酸的酶类。将细胞破碎后的样品立即进行乳酸脱氢酶的测定,乳酸脱氢酶测定参照试剂盒说明书,具体步骤如下。

(1)辅酶 I 溶液配制:每支粉剂加 1.3 mL 双蒸水溶解,充分混匀。

（2）乳酸脱氢酶测定使用酶标板，分为空白孔、标准孔、测定孔与对照孔，各孔内所加试剂如表 6.5 所示。

表 6.5　乳酸脱氢酶测定各孔内所加试剂

	空白孔	标准孔	测定孔	对照孔
双蒸水（μL）	25	5	—	5
0.2 μmol/mL 标准液（μL）	—	20	—	—
待测样本（μL）	—	—	20	20
基质缓冲液（μL）	25	25	25	25
辅酶溶液（μL）	—	—	5	—

（3）试剂加好后，充分混匀，37 ℃水浴 15 min，然后各管再加入 2,4-二硝基苯肼 25 μL。

（4）试剂加好后，充分混匀，37 ℃水浴 15 min，然后各管再加入 0.4 mol/L NaOH 250 μL。

（5）试剂加好后，充分混匀，使用酶标仪在 450 nm 波长下测定各孔吸光度。

6.1.2.9　柠檬酸合酶的测定

柠檬酸合酶催化了三羧酸循环的第一步反应。将细胞破碎后的样品立即进行柠檬酸合酶的测定，柠檬酸合酶的测定参照试剂盒说明书，使用酶标仪进行检测，具体步骤如下。

（1）柠檬酸合酶的测定分为阴性对照孔与待测样本孔，各孔内所加试剂如表 6.6 所示。

表 6.6　柠檬酸合酶测定各孔内所加试剂

	阴性对照孔	待测样本孔
试剂一（缓冲液 μL）	190	190
试剂二（底物液 μL）	25	25
试剂三（显色剂 μL）	25	25

（2）试剂加好后，轻摇混匀，将酶标板放入 37 ℃孵育箱温浴 3～5 min。待测样本孔加入样品 10 μL，阴性对照孔加入阴性对照液 10 μL。

（3）试剂加好后，轻摇混匀，然后放入酶标仪内，波长 412 nm 测定初始 OD 值。阴性对照 OD 值记为 AO_0，样品 OD 值记为 AU_0。然后将酶标板放入 37 ℃孵育箱温浴 15 min，放入酶标仪内，波长 412 nm 测定最终 OD 值。阴性对照 OD 值记为 AO_1，样品 OD 值记为 AU_1。

6.1.2.10　琥珀酸脱氢酶的测定

琥珀酸脱氢酶是葡萄糖有氧分解过程中唯一一个位于线粒体上的酶，将细胞破碎后的样品立即进行琥珀酸脱氢酶的测定，琥珀酸脱氢酶测定参照试剂盒说明书，具体步骤如下。

（1）按试剂一：试剂二：试剂三：试剂四：试剂五：试剂六＝2：0.1：0.1：0.2：0.1：0.1 的比例进行工作液配制，现用现配。

（2）向相应编号的管内加入 $100~\mu L$ 待测样本，取 2.6 mL 37 ℃预温后的工作液，迅速移入管内，充分混匀。

（3）迅速用分光光度计在 600 nm 处测定 5 s 时吸光度值 A1,1 min 后再测定吸光度值 A2。

6.1.2.11 数据处理及统计分析

数据应用 SPSS 软件进行分析，数据以平均数±标准误表示。使用单因素方差分析，多重比较采用 Tukey 法。

6.2 结　果

6.2.1 $1\alpha,25\text{-}(OH)_2D_3$ 对绵羊睾丸细胞葡萄糖吸收的影响

睾丸细胞在不同浓度 $1\alpha,25\text{-}(OH)_2D_3$ 下培养 48 h 后，各个梯度 $1\alpha,25\text{-}(OH)_2D_3$ 所对应的培养液内葡萄糖浓度如图 6.1 所示。当 $1\alpha,25\text{-}(OH)_2D_3$ 添加量为 1 nmol/L 时，相对于对照组而言，绵羊睾丸细胞对葡萄糖的吸收没有显著的变化（$P>0.05$）；当 $1\alpha,25\text{-}(OH)_2D_3$ 添加量上升为 10 nmol/L 时，相对于对照组而言，绵羊睾丸细胞对葡萄糖的吸收明显加强，使得培养液内葡萄糖浓度显著下降（$P<0.01$）；但是，当 $1\alpha,25\text{-}(OH)_2D_3$ 添加量上升为 100 nmol/L 时，睾丸细胞对葡萄糖的吸收又减弱了，相对于对照组而言，绵羊睾丸细胞对葡萄糖的吸收没有显著的变化（$P>0.05$）。

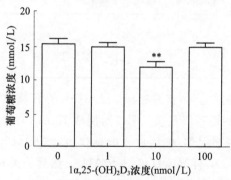

图 6.1　$1\alpha,25\text{-}(OH)_2D_3$ 对绵羊睾丸细胞葡萄糖浓度的影响

6.2.2 $1\alpha,25\text{-}(OH)_2D_3$ 对绵羊睾丸细胞乳酸生成的影响

睾丸细胞在不同浓度 $1\alpha,25\text{-}(OH)_2D_3$ 下培养 48 h 后，各个梯度 $1\alpha,25\text{-}(OH)_2D_3$

所对应的培养液内乳酸浓度如图 6.2 所示。当 $1\alpha,25$-$(OH)_2D_3$ 添加量为 1 nmol/L 时，相对于对照组而言，绵羊睾丸细胞乳酸释放虽有一定上升，但是没有使得培养液内乳酸的浓度有显著的提高（$P>0.05$）；当 $1\alpha,25$-$(OH)_2D_3$ 添加量上升为 10 nmol/L 时，相对于对照组而言，绵羊睾丸细胞乳酸的释放明显加强，使得培养液内乳酸浓度显著上升（$P<0.05$）；但是，当 $1\alpha,25$-$(OH)_2D_3$ 添加量上升为 100 nmol/L 时，睾丸细胞乳酸的释放又降低了，培养液内乳酸浓度相比对照组虽有一定上升，但是差异不明显（$P>0.05$）。

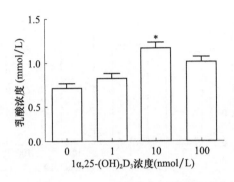

图 6.2　$1\alpha,25$-$(OH)_2D_3$ 对绵羊睾丸细胞乳酸浓度的影响

6.2.3　$1\alpha,25$-$(OH)_2D_3$ 对绵羊睾丸细胞己糖激酶的影响

睾丸细胞在不同浓度 $1\alpha,25$-$(OH)_2D_3$ 下培养 4 d 后，各个梯度 $1\alpha,25$-$(OH)_2D_3$ 所对应的睾丸细胞内己糖激酶活力如图 6.3 所示。当 $1\alpha,25$-$(OH)_2D_3$ 添加量为 1 nmol/L 时，相对于对照组而言，绵羊睾丸细胞己糖激酶活力有显著提高（$P<0.01$）；当 $1\alpha,25$-$(OH)_2D_3$ 添加量上升为 10 nmol/L 时，己糖激酶活力有小幅下滑，但是相对于对照组而言，己糖激酶活力仍显著上升（$P<0.05$）；当 $1\alpha,25$-$(OH)_2D_3$ 添加量上升为 100 nmol/L 时，睾丸细胞内己糖激酶活力最强，己糖激酶活力相比对照组有显著上升（$P<0.01$）。

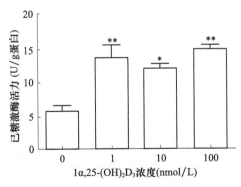

图 6.3　$1\alpha,25$-$(OH)_2D_3$ 对绵羊睾丸细胞己糖激酶活力的影响

6.2.4　$1\alpha,25\text{-(OH)}_2D_3$ 对绵羊睾丸细胞丙酮酸激酶的影响

睾丸细胞在不同浓度 $1\alpha,25\text{-(OH)}_2D_3$ 下培养 4 d 后,各个梯度 $1\alpha,25\text{-(OH)}_2D_3$ 所对应的睾丸细胞内丙酮酸激酶活力如图 6.4 所示。当 $1\alpha,25\text{-(OH)}_2D_3$ 添加量为 1 nmol/L、10 nmol/L 与 100 nmol/L 时,相对于对照组而言,绵羊睾丸细胞内丙酮酸激酶活力没有显著变化($P>0.05$)。

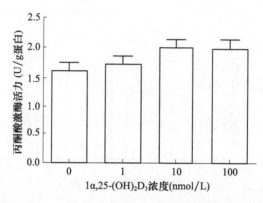

图 6.4　$1\alpha,25\text{-(OH)}_2D_3$ 对绵羊睾丸细胞丙酮酸激酶活力的影响

6.2.5　$1\alpha,25\text{-(OH)}_2D_3$ 对绵羊睾丸细胞丙酮酸的影响

睾丸细胞在不同浓度 $1\alpha,25\text{-(OH)}_2D_3$ 下培养 4 d 后,各个梯度 $1\alpha,25\text{-(OH)}_2D_3$ 所对应的睾丸细胞内丙酮酸含量如图 6.5 所示。当 $1\alpha,25\text{-(OH)}_2D_3$ 添加量为 1 nmol/L时,相对于对照组而言,绵羊睾丸细胞内丙酮酸含量有显著的提高($P<0.05$),并且达到最高含量;当 $1\alpha,25\text{-(OH)}_2D_3$ 添加量上升为 10 nmol/L 与 100 nmol/L 时,绵羊睾丸细胞内丙酮酸含量并未继续上升,但是相对于对照组而言,绵羊睾丸细胞内丙酮酸含量皆有显著的提高($P<0.05$)。

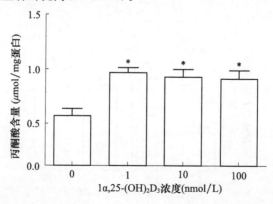

图 6.5　$1\alpha,25\text{-(OH)}_2D_3$ 对绵羊睾丸细胞丙酮酸含量的影响

6.2.6　$1\alpha,25\text{-}(OH)_2D_3$ 对绵羊睾丸细胞乳酸脱氢酶的影响

睾丸细胞在不同浓度 $1\alpha,25\text{-}(OH)_2D_3$ 下培养 4 d 后,各个梯度 $1\alpha,25\text{-}(OH)_2D_3$ 所对应的睾丸细胞内乳酸脱氢酶活力如图 6.6 所示。当 $1\alpha,25\text{-}(OH)_2D_3$ 添加量为 1 nmol/L 时,与对照组相比,绵羊睾丸细胞乳酸脱氢酶活力无显著变化($P>0.05$);当 $1\alpha,25\text{-}(OH)_2D_3$ 添加量继续上升为 10 nmol/L 时,与对照组相比,绵羊睾丸细胞乳酸脱氢酶活力显著提高($P<0.05$);但是,当 $1\alpha,25\text{-}(OH)_2D_3$ 添加量继续提升至 100 nmol/L 时,乳酸脱氢酶活力开始下降,与对照组差异不显著($P>0.05$)。

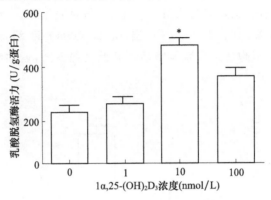

图 6.6　$1\alpha,25\text{-}(OH)_2D_3$ 对绵羊睾丸细胞乳酸脱氢酶活力的影响

6.2.7　$1\alpha,25\text{-}(OH)_2D_3$ 对绵羊睾丸细胞柠檬酸合酶的影响

睾丸细胞在不同浓度 $1\alpha,25\text{-}(OH)_2D_3$ 下培养 4 d 后,各个梯度 $1\alpha,25\text{-}(OH)_2D_3$ 所对应的睾丸细胞内柠檬酸合酶活力如图 6.7 所示。当 $1\alpha,25\text{-}(OH)_2D_3$ 添加量为 1 nmol/L时,相对于对照组而言,绵羊睾丸细胞柠檬酸合酶活力显著上升($P<0.05$);当 $1\alpha,25\text{-}(OH)_2D_3$ 添加量上升为 10 nmol/L 时,相对于对照组而言,绵羊睾丸细胞内柠檬酸合酶活力也显著上升($P<0.05$),并且柠檬酸合酶活力达到最

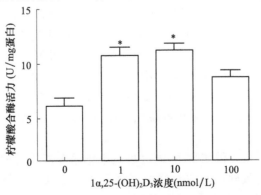

图 6.7　$1\alpha,25\text{-}(OH)_2D_3$ 对绵羊睾丸细胞柠檬酸合酶活力的影响

高值;当 $1\alpha,25\text{-}(OH)_2D_3$ 添加量上升为 100 nmol/L 时,绵羊睾丸细胞柠檬酸合酶活力开始下降,相对于对照组而言,柠檬酸合酶活力差异不显著($P>0.05$)。

6.2.8 $1\alpha,25\text{-}(OH)_2D_3$ 对绵羊睾丸细胞琥珀酸脱氢酶的影响

睾丸细胞在不同浓度 $1\alpha,25\text{-}(OH)_2D_3$ 下培养 4 d 后,各个梯度 $1\alpha,25\text{-}(OH)_2D_3$ 所对应的睾丸细胞内琥珀酸脱氢酶活力如图 6.8 所示。当 $1\alpha,25\text{-}(OH)_2D_3$ 添加量为 1 nmol/L 时,相对于对照组而言,绵羊睾丸细胞内琥珀酸脱氢酶活力有一定上升,但是差异并不显著($P>0.05$);当 $1\alpha,25\text{-}(OH)_2D_3$ 添加量上升为 10 nmol/L 时,绵羊睾丸细胞内琥珀酸脱氢酶活力进一步上升,与对照组相比,绵羊睾丸细胞内琥珀酸脱氢酶活力显著加强($P<0.01$);当 $1\alpha,25\text{-}(OH)_2D_3$ 添加量进一步上升为 100 nmol/L 时,睾丸细胞琥珀酸脱氢酶活力开始大幅下降,琥珀酸脱氢酶活力相比对照组差异不显著($P>0.05$)。

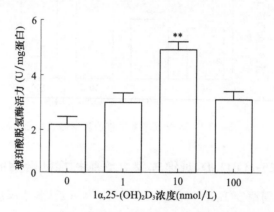

图 6.8 $1\alpha,25\text{-}(OH)_2D_3$ 对绵羊睾丸细胞琥珀酸脱氢酶活力的影响

6.3 讨　论

细胞糖代谢水平标志着细胞的整体活力,细胞糖代谢旺盛,说明细胞活力强;反之,糖代谢弱,则说明细胞活力降低。VD 对细胞糖代谢的影响目前未见报道。但是,VD 可能提高细胞的糖代谢水平,因为一些研究表明 VD 对细胞有积极的影响。比如,$1\alpha,25\text{-}(OH)_2D_3$ 能够促进一些细胞的分化与增殖[1]、刺激大鼠未成熟睾丸支持细胞芳香化酶基因的表达[2]、提高精子活力[3]、促进精子获能[4]。细胞发挥功能需要糖代谢来供能,细胞功能的增强间接说明 $1\alpha,25\text{-}(OH)_2D_3$ 能够提高细胞的糖代谢水平。

葡萄糖是细胞的主要供能物质,同时也是细胞培养液主要的糖类物质。细胞对葡萄糖的利用分为无氧呼吸与有氧呼吸两种形式。无氧呼吸是在细胞质各种酶的辅助下,将葡萄糖转化为乳酸并产生能量。本章研究表明,当培养液 $1\alpha,25\text{-}(OH)_2$

D_3 浓度为 10 nmol/L 时,绵羊睾丸细胞对葡萄糖的消耗显著增强,同时在此浓度下培养液乳酸浓度显著提升,说明此浓度的 $1\alpha,25\text{-}(OH)_2D_3$ 条件下绵羊睾丸细胞无氧呼吸得以加强。但是,当 $1\alpha,25\text{-}(OH)_2D_3$ 浓度继续升高至 100 nmol/L 时,绵羊睾丸细胞对葡萄糖的消耗并没有继续增强,反而降低了,同时培养液的乳酸产生也降低了。这可能是因为过高浓度的 $1\alpha,25\text{-}(OH)_2D_3$ 对绵羊睾丸细胞产生了一定的毒性作用。

细胞利用葡萄糖的第一步是葡萄糖在己糖激酶的作用下生成葡萄糖-6-磷酸,可以视为葡萄糖的动员,同时也是细胞无氧呼吸的第一个限速步骤。本研究发现,$1\alpha,25\text{-}(OH)_2D_3$ 能够提高绵羊睾丸细胞己糖激酶的活力,说明 $1\alpha,25\text{-}(OH)_2D_3$ 对葡萄糖的动员有促进作用,这一点与 $1\alpha,25\text{-}(OH)_2D_3$ 提高绵羊睾丸细胞葡萄糖消耗相对应。细胞内磷酸烯醇式丙酮酸在丙酮酸激酶的作用下转化为丙酮酸,这一反应的重要性体现在它是细胞无氧呼吸的第三个限速步骤,同时也为细胞有氧呼吸提供了原料丙酮酸。本章试验表明,$1\alpha,25\text{-}(OH)_2D_3$ 对丙酮酸激酶的活力没有显著的影响。但是,$1\alpha,25\text{-}(OH)_2D_3$ 使丙酮酸的生成显著提高了,这可能是因为己糖激酶活力增强后,葡萄糖动员增加,从而提高了底物磷酸烯醇式丙酮酸的含量。因此,即使丙酮酸激酶的活力没有增强,仍然有可能使产物丙酮酸的含量增加。乳酸脱氢酶的作用在于将丙酮酸转化为乳酸,这是细胞无氧呼吸的最后一步。本研究发现,$1\alpha,25\text{-}(OH)_2D_3$ 使乳酸脱氢酶的活力显著提高,这可能是 $1\alpha,25\text{-}(OH)_2D_3$ 的间接作用。丙酮酸浓度上升后,乳酸脱氢酶得以激活,从而将多余的丙酮酸转化为乳酸。

柠檬酸合酶催化乙酰 CoA 与草酰乙酸缩合形成柠檬酸,此反应是细胞有氧呼吸三羧酸循环的第一步,反应中的乙酰 CoA 由丙酮酸生成。本研究表明,$1\alpha,25\text{-}(OH)_2D_3$ 能够提高柠檬酸合酶的活力,说明 $1\alpha,25\text{-}(OH)_2D_3$ 能够提升细胞的有氧呼吸水平。另外,本章还研究了三羧酸循环中的琥珀酸脱氢酶。琥珀酸脱氢酶催化琥珀酸氧化为延胡索酸,此酶是细胞有氧呼吸中唯一一个位于线粒体内膜上的酶,是连接氧化磷酸化与电子传递的枢纽之一,其活性一般可作为评价三羧酸循环运行程度的指标,且为评价线粒体功能的一个标志酶。本研究也表明,$1\alpha,25\text{-}(OH)_2D_3$ 能够提高该酶的活力,这进一步说明 $1\alpha,25\text{-}(OH)_2D_3$ 能够提高绵羊睾丸细胞的有氧呼吸。

绵羊睾丸细胞包含间质细胞、支持细胞、精原干细胞及各级生精细胞。间质细胞主要负责合成睾酮[5,6]。已有研究表明 $1\alpha,25\text{-}(OH)_2D_3$ 能够刺激体外培养的人睾丸间质细胞睾酮的产生[7]。睾丸支持细胞是血睾屏障的主要组成部分,同时对睾丸生精细胞起营养与支持作用[8]。已有研究表明 $1\alpha,25\text{-}(OH)_2D_3$ 能够刺激大鼠未成熟睾丸支持细胞芳香化酶基因的表达[2]。精原干细胞及各级生精细胞负责精子的生成[9-11]。虽然还没有研究表明 $1\alpha,25\text{-}(OH)_2D_3$ 对精原干细胞及各级生精细胞有直接作用,但是人们已经发现 VDR 在这些细胞上有表达[12,13]。

总之,本研究表明 $1\alpha,25\text{-}(OH)_2D_3$ 能够使绵羊睾丸细胞糖代谢水平提高,说明 $1\alpha,25\text{-}(OH)_2D_3$ 可能对绵羊睾丸细胞功能产生影响。但是,$1\alpha,25\text{-}(OH)_2D_3$ 对于绵羊睾丸内不同细胞的影响还未见报道,这一点还需进一步研究。

6.4 小 结

本研究结果表明,$1\alpha,25$-$(OH)_2D_3$能够加速体外培养的绵羊睾丸细胞葡萄糖的消耗和乳酸的生成,能够提高体外培养的绵羊睾丸细胞己糖激酶、乳酸脱氢酶的活力,促进丙酮酸的生成,但是对丙酮酸激酶的活力没有影响。并且 $1\alpha,25$-$(OH)_2D_3$还能够提高体外培养的绵羊睾丸细胞柠檬酸合酶、琥珀酸脱氢酶的活力。

参考文献

[1] BOUILLON R, OKAMURA W H, NORMAN A W. Structure-function relationships in the vitamin D endocrine system[J]. Endocrine Reviews, 1995, 16: 200-257.

[2] ZANATTA L, BOURAÏMA L H, DELALANDE C, et al. Regulation of aromatase expression by $1\alpha,25$-$(OH)_2$ vitamin D_3 in rat testicular cells[J]. Reproduction, Fertility, and Development, 2011, 23: 725-735.

[3] AQUILA S, GUIDO C, MIDDEA E, et al. Human male gamete endocrinology: 1alpha, 25-dihydroxyvitamin D_3 regulate different aspects of human sperm biology and metabolism[J]. Reproductive Biology and Endocrinology, 2009, 7: 140-152.

[4] OSHEROFF J E, VISCONTI P E, VALENZUELA J P, et al. Regulation of human sperm capacitation by a choles terol efflux-stimulated signal transduction pathway leading to protein kinase A-mediated up-regulation of protein tyrosine phosphorylation[J]. Molecular Human Reproduction, 1999, 5: 1017-1026.

[5] 游海燕. Leydig 细胞睾酮合成的调节[J]. 中国男科学杂志, 2003, 17(2): 139-141.

[6] HAIDER S G. Cell biology of Leydig cells in the testis[J]. International Review of Cytology, 2004, 233: 181-229.

[7] HOFER D, MÜNZKER J, ZACHHUBER V, et al. Vitamin D is associated with androgen synthesis in human testicular cells[J]. Endocrine Abstracts, 2014, 35: 947.

[8] BOOCKFOR F R, MORRIS R A, CESIMONE D C, et al. Sertoli cell expression of the cystic fibrosis transmem brane conductance regulator[J]. American Journal of Physiology, 1998, 8:922-930.

[9] KANATSU S M, SHINOHARA T. Spermatogonial stem cell self-renewal and development [J]. Annual Review of Cell and Developmental Biology, 2013, 29: 163-187.

[10] HE Z, KOKKINAKI M, JIANG J, et al. Isolation, characterization and culture of human spermatogonia[J]. Biology of Reproduction, 2010, 82(2): 363-372.

[11] 司蕾, 张学明, 岳占碰, 等. 睾丸支持细胞对精原干细胞发育的调节[J]. 细胞生物学杂志, 2008, 30: 479-482.

[12] JOHNSON J A, GRANDE J P, ROCHE P C, et al. Immunohistochemical detection and distribution of the 1,25-dihydroxyvitamin D_3 receptor in rat reproductive tissues[J]. Histochemistry and Cell Biology, 1996, 105: 7-15.

[13] BLOMBERG J M, NIELSEN J E, JØRGENSEN A, et al. Vitamin D receptor and vitamin D metabolizing enzymes are expressed in the human male reproductive tract[J]. Human Reproduction, 2010, 25: 1303-1311.

第7章 VD 对绵羊睾丸细胞抗氧化能力的影响

绵羊睾丸细胞抗氧化能力的强弱与绵羊睾丸的健康程度存在着密切的关系,抗氧化能力强表明睾丸健康。细胞的抗氧化有酶促与非酶促两个体系。酶促体系指的是各种抗氧化酶,这些酶许多都是以微量元素为活性中心,例如:超氧化物歧化酶(SOD)、谷胱甘肽过氧化物酶(GSH-PX)、过氧化氢酶(CAT)、谷胱甘肽 S-转移酶(GST)等。非酶促反应体系中主要为维生素、氨基酸和金属蛋白质,例如:维生素 E、胡萝卜素、维生素 C、半胱氨酸、蛋氨酸、色氨酸、组氨酸、葡萄糖、铜蓝蛋白、转铁蛋白、乳铁蛋白等。整个抗氧化体系抗氧化作用主要通过三条途径:(1) 消除自由基和活性氧,以免引发脂质过氧化;(2) 分解过氧化物,阻断氧化链;(3) 去除起催化作用的金属离子。整个防御体系各个成分之间相互协同、代偿与依赖。本章探讨 $1\alpha,25\text{-}(OH)_2D_3$ 对睾丸细胞总抗氧化能力及各种抗氧化酶活力的影响。

7.1 材料与方法

7.1.1 试验材料

7.1.1.1 试验动物

选取山西省晋中市太谷县当地雄性健康成年绵羊($n=4$)为研究对象。

7.1.1.2 主要仪器

超净工作台(型号:DL-CJ-1N)、分光光度计(型号:UV2000)、CO_2 培养箱(型号:Forma310)、倒置显微镜(型号:CKX53)、高压蒸汽灭菌锅(型号:MLS3750)、全波长酶标仪(型号:Epoch)、血细胞计数板(型号:XB.K.25)、超声波破碎仪(型号:Q800R)。

7.1.1.3 主要试剂

总抗氧化能力(T-AOC)试剂盒、过氧化氢酶试剂盒、超氧化物歧化酶试剂盒、谷胱甘肽过氧化物酶试剂盒、谷胱甘肽 S-转移酶试剂盒、$1\alpha,25\text{-}(OH)_2D_3$、DMEM/F12 基础培养液、胎牛血清(FBS)、青链霉素混合液、0.25% 胰蛋白酶溶液。

7.1.2 试验方法

7.1.2.1 样品采集

采集的睾丸去除白膜后,将睾丸组织剪成糊状,胰酶消化后收集细胞。将收集到的绵羊睾丸细胞接种于 6 孔培养板内,每孔接种活细胞数为 1×10^6 个。培养液为加入了 10% FBS、100 IU/mL 青霉素与 0.1 mg/mL 链霉素的 DMEM/F12 培养液。试验共分 4 个梯度,每个梯度分别加入终浓度为 0 nmol/L、1 nmol/L、10 nmol/L、100 nmol/L 的 $1\alpha,25\text{-}(OH)_2D_3$。每孔内培养液总体积为 3 mL,每个梯度设定 3 个复孔,试验重复 4 次。35 ℃、5% CO_2 浓度、饱和湿度的条件下培养 4 d。4 d 后,胰酶消化收集细胞,细胞 1200 r/min 离心 10 min,弃上清液。收集的细胞沉淀用 500 μL PBS 缓冲液重悬,放入平底离心管内,将离心管放入超声波破碎仪内,对细胞进行破碎。破碎时振幅 70 Hz,破碎 30 s,暂停 30 s,重复 20 次。

7.1.2.2 总抗氧化能力检测

细胞破碎后,用破碎好的细胞立即测定总抗氧化能力,检测试验分为测定管与对照管,分为两步完成。

第一步,测定管与对照管内所加入的试剂如表 7.1 所示。

表 7.1 总抗氧化能力测定第一步管内所加试剂

	测定管	对照管
试剂一（mL）	1	1
待测样本（mL）	0.1	—
试剂二应用液（mL）	2	2
试剂三应用液（mL）	0.5	0.5

试剂加好后,漩涡混匀器充分混匀,37 ℃水浴 30 min。

第二步,水浴完成后,向第一步的测定管与对照管内再加入的试剂如表 7.2 所示。

表 7.2 总抗氧化能力测定第二步管内所加试剂

	测定管	对照管
试剂四（mL）	0.2	0.2
待测样本（mL）	—	0.1
试剂五（mL）	0.2	0.2

试剂加好后,充分混匀,室温放置 10 min。使用分光光度计在 520 nm 处测定各样本吸光度值,光径为 1 cm,双蒸水调零。

7.1.2.3 过氧化氢酶活力检测

用破碎好的细胞立即测定过氧化氢酶活力,过氧化氢酶活力检测试验分为测定管与对照管,分为两步完成。

第一步,测定管与对照管内所加入的试剂如表 7.3 所示。

表 7.3　过氧化氢酶活力测定第一步管内所加试剂

	测定管	对照管
待测样本(mL)	0.05	—
试剂一(37 ℃预温)(mL)	1	1
试剂二(37 ℃预温)(mL)	0.1	0.1

试剂加好后,充分混匀,37 ℃水浴 1 min。

第二步,水浴完成后,向第一步的测定管与对照管内再加入的试剂如表 7.4 所示。

表 7.4　过氧化氢酶活力测定第二步管内所加试剂

	测定管	对照管
试剂三(mL)	1	1
试剂四(mL)	0.1	0.1
待测样本(mL)	0.05	—

试剂加好后,充分混匀,使用分光光度计在 405 nm 处测定各样本吸光度值,光径为 0.5 cm,双蒸水调零。

7.1.2.4　超氧化物歧化酶测定

用破碎好的细胞立即测定超氧化物歧化酶活力。酶标板内分为对照孔、对照空白孔、测定孔、测定空白孔。各孔加入的试剂如表 7.5 所示。

表 7.5　超氧化物歧化酶活力测定孔内所加试剂

	对照孔	对照空白孔	测定孔	测定空白孔
待测样本(μL)	—	—	20	20
双蒸水(μL)	20	20	—	—
酶工作液(μL)	20	—	20	—
酶稀释液(μL)	—	20	—	20
底物应用液(μL)	200	200	200	200

试剂加好后,充分混匀,37 ℃孵育 20 min,使用酶标仪在 450 nm 处测定各样本吸光度值。对照、对照空白、测定空白一批试验只需各做 1～2 孔。

7.1.2.5　谷胱甘肽过氧化物酶测定

用破碎好的细胞立即测定谷胱甘肽过氧化物酶活力。谷胱甘肽过氧化物酶活力检测试验分为非酶管、酶管、空白管、标准管,分为四步完成。前三步为酶促反应,第四步为显色反应。

第一步,所加入的试剂如表 7.6 所示。

表 7.6　谷胱甘肽过氧化物酶活力测定第一步管内所加试剂

	非酶管	酶管
1 mmol/L GSH（mL）	0.2	0.2
待测样本（mL）	—	0.2

试剂加好后,充分混匀,37 ℃水浴 5 min。

第二步,水浴完成后,向第一步的非酶管与酶管内再加入的试剂如表 7.7 所示。

表 7.7　谷胱甘肽过氧化物酶活力测定第二步管内所加试剂

	非酶管	酶管
试剂一应用液（mL）	0.1	0.1

试剂加好后,充分混匀,37 ℃水浴 5 min。

第三步,水浴完成后,向第二步的非酶管与酶管内再加入的试剂如表 7.8 所示。

表 7.8　谷胱甘肽过氧化物酶活力测定第三步管内所加试剂

	非酶管	酶管
试剂二应用液（mL）	2	2
待测样本（mL）	0.2	—

试剂加好后,充分混匀,3500～4000 r/min 离心 10 min,取上清液 1 mL 进行第四步显色反应。

第四步,所加试剂如表 7.9 所示。

表 7.9　谷胱甘肽过氧化物酶活力测定第四步管内所加试剂

	空白管	标准管	非酶管	酶管
GSH 标准溶剂应用液（mL）	1	—	—	—
20 μmol GSH 标准液（mL）	—	1	—	—
上清液（mL）	—	—	1	1
试剂三应用液（mL）	1	1	1	1
试剂四应用液（mL）	0.25	0.25	0.25	0.25
试剂五应用液（mL）	0.05	0.05	0.05	0.05

试剂加好后,充分混匀,室温静置 15 min,用分光光度计 412 nm 测定各管吸光度值,光径 1 cm,双蒸水调零。

7.1.2.6　谷胱甘肽 S-转移酶测定

用破碎好的细胞立即测定谷胱甘肽 S-转移酶活力。试验分为测定管、对照管、空白管、标准管。试验分为三步,前两步为酶促反应,第三步为显色反应。

第一步所加试剂如表 7.10 所示。

表 7.10　谷胱甘肽 S-转移酶活力测定第一步管内所加试剂

	测定管	对照管
基质液（mL）	0.3	0.3
待测样本（mL）	0.1	—

试剂加好后,充分混匀,37 ℃水浴 30 min。

第二步,水浴完成后,向第一步的测定管与对照管内再加入的试剂如表 7.11 所示。

表 7.11　谷胱甘肽 S-转移酶活力测定第二步管内所加试剂

	测定管	对照管
试剂二（mL）	2	2
待测样本（mL）	—	0.1

试剂加好后,充分混匀,3500～4000 r/min 离心 10 min,取上清液进行第三步显色反应。

第三步所加试剂如表 7.12 所示。

表 7.12　谷胱甘肽 S-转移酶活力测定第三步管内所加试剂

	空白管	标准管	测定管	对照管
试剂二（mL）	2	—	—	—
20 μmol/L GST（mL）	—	2	—	—
上清液（mL）	—	—	2	2
试剂三（mL）	2	2	2	2
试剂四（mL）	0.5	0.5	0.5	0.5

试剂加好后,充分混匀,室温放置 15 min,用分光光度计在 412 nm 处测定各管吸光度值,光径 1 cm,蒸馏水调零。

7.1.2.7　数据处理及统计分析

数据应用 SPSS 软件进行分析,数据以平均数±标准误表示。使用单因素方差分析,多重比较采用 Tukey 法。

7.2　结　　果

7.2.1　1α,25-(OH)$_2$D$_3$对绵羊睾丸细胞总抗氧化能力的影响

绵羊睾丸细胞在不同浓度 1α,25-(OH)$_2$D$_3$下培养 4 d 后,各个梯度1α,25-(OH)$_2$D$_3$

所对应的睾丸细胞内总抗氧化能力如图 7.1 所示。当 $1\alpha,25\text{-}(OH)_2D_3$ 添加量为 1 nmol/L时,相对于对照组而言,绵羊睾丸细胞总抗氧化能力显著上升($P<0.01$);当 $1\alpha,25\text{-}(OH)_2D_3$ 添加量继续上升为 10 nmol/L 与 100 nmol/L 时,绵羊睾丸细胞总抗氧化能力开始下降,与对照组相比,总抗氧化能力差异不显著($P>0.05$)。

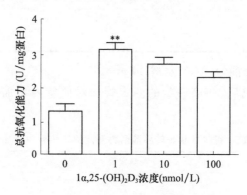

图 7.1　$1\alpha,25\text{-}(OH)_2D_3$ 对绵羊睾丸细胞总抗氧化能力的影响

7.2.2　$1\alpha,25\text{-}(OH)_2D_3$ 对绵羊睾丸细胞过氧化氢酶活力的影响

绵羊睾丸细胞在不同浓度 $1\alpha,25\text{-}(OH)_2D_3$ 下培养 4 d 后,各个梯度 $1\alpha,25\text{-}(OH)_2D_3$ 所对应的睾丸细胞过氧化氢酶活力如图 7.2 所示。当 $1\alpha,25\text{-}(OH)_2D_3$ 添加量为 1 nmol/L时,与对照组相比,绵羊睾丸细胞过氧化氢酶活力显著上升($P<0.01$),约为对照组的 3 倍;当 $1\alpha,25\text{-}(OH)_2D_3$ 添加量继续上升为 10 nmol/L 与 100 nmol/L 时,绵羊睾丸细胞内过氧化氢酶活力开始下降,与对照组相比,过氧化氢酶活力差异不显著($P>0.05$)。

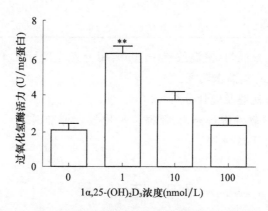

图 7.2　$1\alpha,25\text{-}(OH)_2D_3$ 对绵羊睾丸细胞过氧化氢酶活力的影响

7.2.3　1α,25-(OH)₂D₃对绵羊睾丸细胞超氧化物歧化酶活力的影响

绵羊睾丸细胞在不同浓度 $1\alpha,25\text{-}(OH)_2D_3$ 下培养 4 d 后,各个梯度 $1\alpha,25\text{-}(OH)_2D_3$ 所对应的睾丸细胞内超氧化物歧化酶活力如图 7.3 所示。当 $1\alpha,25\text{-}(OH)_2D_3$ 添加量为 1 nmol/L 与 10 nmol/L 时,与对照组相比,绵羊睾丸细胞超氧化物歧化酶活力皆显著提高($P<0.05$)。但是,当 $1\alpha,25\text{-}(OH)_2D_3$ 添加量继续提升至 100 nmol/L 时,绵羊睾丸细胞内超氧化物歧化酶活力开始下降,与对照组相比,超氧化物歧化酶活力无显著上升($P>0.05$)。

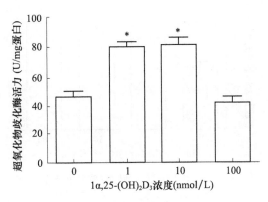

图 7.3　$1\alpha,25\text{-}(OH)_2D_3$ 对绵羊睾丸细胞超氧化物歧化酶活力的影响

7.2.4　1α,25-(OH)₂D₃对绵羊睾丸细胞谷胱甘肽过氧化物酶活力的影响

绵羊睾丸细胞在不同浓度 $1\alpha,25\text{-}(OH)_2D_3$ 下培养 4 d 后,各个梯度 $1\alpha,25\text{-}(OH)_2D_3$ 所对应的睾丸细胞谷胱甘肽过氧化物酶活力如图 7.4 所示。当 $1\alpha,25\text{-}(OH)_2D_3$ 添加量为 1 nmol/L、10 nmol/L 与 100 nmol/L 时,相对于对照组,绵羊睾丸细胞谷胱甘肽过氧化物酶活力皆无显著上升($P>0.05$)。

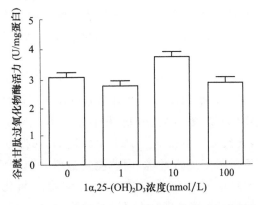

图 7.4　$1\alpha,25\text{-}(OH)_2D_3$ 对绵羊睾丸细胞谷胱甘肽过氧化物酶活力的影响

7.2.5 $1\alpha,25\text{-}(OH)_2D_3$ 对绵羊睾丸细胞谷胱甘肽 S-转移酶活力的影响

绵羊睾丸细胞在不同浓度 $1\alpha,25\text{-}(OH)_2D_3$ 下培养 4 d 后,各个梯度 $1\alpha,25\text{-}(OH)_2D_3$ 所对应的睾丸细胞谷胱甘肽 S-转移酶活力如图 7.5 所示。当 $1\alpha,25\text{-}(OH)_2D_3$ 添加量为 1 nmol/L、10 nmol/L 与 100 nmol/L 时,相对于对照组,绵羊睾丸细胞谷胱甘肽 S-转移酶活力皆无显著上升($P>0.05$)。

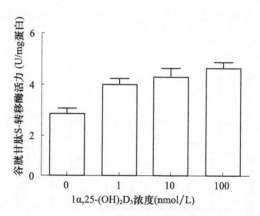

图 7.5 $1\alpha,25\text{-}(OH)_2D_3$ 对绵羊睾丸细胞谷胱甘肽 S-转移酶活力的影响

7.3 讨 论

机体通过新陈代谢不断地产生能量,以供机体使用,而帮助能量转换的自由基也由此产生。一方面自由基能够帮助能量转换,另一方面失去了控制的自由基也会对机体产生损害。当自由基失去控制时,机体抗氧化的酶类便会清除自由基。由于睾丸需要不停地生成精子,因此睾丸是一个新陈代谢十分旺盛的器官。同时,精子对外界环境的敏感性高,睾丸细胞抗氧化能力的强弱显得尤为重要。VD 对睾丸细胞抗氧化能力的影响未有报道,但是 VD 对于其他一些组织器官抗氧化能力的影响已有不少报道[1-5]。因此,本章试验最重要的发现就在于 VD 对睾丸细胞的抗氧化能力有促进作用。

氧分子对生物体是无毒性的,但是当氧分子变成活性氧后就具有破坏性。活性氧主要有三种,分别是过氧化氢(H_2O_2)、羟自由基(OH^-)与超氧阴离子,其几乎与细胞内的每一类有机物(如糖、氨基酸、磷脂、核苷酸和有机酸等)都能反应,并且有非常高的速度常数,因此破坏性极强[6]。CAT 可以使 H_2O_2 发生歧化反应,生成水和氧分子[7,8],维持机体细胞稳定的内环境,因此测定过氧化氢酶活力有其重要意义。本研究表明,$1\alpha,25\text{-}(OH)_2D_3$ 能够提高绵羊睾丸细胞过氧化氢酶的活力,说明 $1\alpha,25\text{-}(OH)_2D_3$ 能够加快绵羊睾丸细胞 H_2O_2 的分解,具有一定的抗氧化功能。

SOD 也是生物体内非常重要的一种抗氧化酶,SOD 具有特殊的生理活性,是生物体内清除自由基的首要物质,可对抗与阻断因氧自由基对细胞造成的损害,并及时修复受损细胞,复原自由基造成的细胞伤害。CAT 与 SOD 共同组成了生物体内活性氧防御系统,在清除超氧阴离子自由基、过氧化物以及阻止或减少羟自由基形成等方面发挥重要作用[9,10]。本研究表明,$1\alpha,25\text{-}(OH)_2D_3$ 能够提高绵羊睾丸细胞内 SOD 活力,这一结论与 $1\alpha,25\text{-}(OH)_2D_3$ 能够提高 CAT 活力的结论相呼应,进一步证明了 $1\alpha,25\text{-}(OH)_2D_3$ 的抗氧化功能。

GSH-PX 与 GST 是一对抗氧化酶。GSH-PX 是机体内广泛存在的一种重要的催化过氧化氢分解的酶,它特异地催化还原型谷胱甘肽对过氧化氢的还原反应,可以起到保护细胞膜结构和功能完整的作用[11]。GST 是谷胱甘肽结合反应的关键酶,是催化谷胱甘肽结合反应的起始步骤,主要存在于细胞液中,它可以催化亲核性的谷胱甘肽与各种亲电子外源化学物的结合反应。GST 具有消除体内自由基和解毒双重功能,此酶也可反映机体抗氧化能力的高低[12]。但是,本章试验结果表明,$1\alpha,25\text{-}(OH)_2D_3$ 对 GSH-PX 与 GST 的活力没有显著的影响,这表明 $1\alpha,25\text{-}(OH)_2D_3$ 的抗氧化功能不通过 GSH-PX 与 GST 体现出来。

总之,$1\alpha,25\text{-}(OH)_2D_3$ 能够增强体外培养的绵羊睾丸细胞的抗氧化能力。$1\alpha,25\text{-}(OH)_2D_3$ 增强 CAT 与 SOD 的活力可能是因为其直接调控 CAT 与 SOD 基因的转录,使得细胞内 CAT 与 SOD 浓度上升,也可能 $1\alpha,25\text{-}(OH)_2D_3$ 仅起到间接作用。在本书前面章节的试验中发现,$1\alpha,25\text{-}(OH)_2D_3$ 能够提高线粒体脱氢酶活力,能够增强绵羊睾丸细胞的糖代谢水平,也就是说 $1\alpha,25\text{-}(OH)_2D_3$ 使得绵羊睾丸细胞的新陈代谢加强,睾丸细胞的自由基产生量便会增加,从而导致抗氧化酶活力加强。如果要区分 $1\alpha,25\text{-}(OH)_2D_3$ 的抗氧化作用是直接的或是间接的,还应当对 CAT、SOD、GSH-PX 与 GST 相关基因进行研究。

7.4　小　　结

本研究表明,$1\alpha,25\text{-}(OH)_2D_3$ 能够提高体外培养的绵羊睾丸细胞总抗氧化能力,能够提高体外培养的绵羊睾丸细胞过氧化氢酶活力,并且能够提高体外培养的绵羊睾丸细胞超氧化物歧化酶活力。但是,其对体外培养的绵羊睾丸细胞谷胱甘肽过氧化物酶活力无显著影响,对体外培养的绵羊睾丸细胞谷胱甘肽 S-转移酶活力无显著影响。

参考文献

[1] 邓向群,成金罗,沈默宇. 维生素 D 通过抗氧化应激减轻糖尿病肾病[J]. 中国新药与临床杂志,2013,32(9):721-726.

［2］POWERS S，NELSON W B，LARSON M E. Antioxidant and Vitamin D supplements for ath-
letes：sense or nonsense？［J］Journal of Sports Sciences，2011，29：47-55.

［3］张淑云，王安. 钙和维生素 D 对生长肉鸡免疫及抗氧化功能的影响［J］. 动物营养学报，
2010，22(3)：579-585.

［4］WISEMAN H. Vitamin D is a membrane antioxidant. Ability to inhibit iron-dependent lipid
peroxidation in liposomes compared to cholesterol，ergosterol and tamoxifen and relevance to
anticancer action［J］. FEBS Letters，1993，326：285-288.

［5］TAYYEM R F，AHMAD I M，SHEHADAH I，et al. Glutathione，Vitamin D and Antioxi-
dant Status in theblood of patients with colorectal cancer：a pilot study［J］. Pakistan Journal of
Nutrition，2015，14：13-17.

［6］JOHNSON J A，MANZO W，GARDNER E，et al. Reactive oxygen species and antioxidant
defenses in tail of tadpoles［J］. Comparative Biochemistry and Physiology，2013，158：
101-108.

［7］FRANK V，EVA V，JAMES F D，et al. The role of active oxygen species in plant signal
transduction［J］. Plant Science，2001，161：405-414.

［8］高秀蕊，崔艳丽,徐富华，等. 过氧化氢酶对超氧化物歧化酶清除 O_2^- 作用的影响［J］. 河北
师范大学学报(自然科学版)，1995，4：59-62.

［9］BOWLER C，MONTAGU M V，INZE D. Superoxide Dismutase and stress tolerance［J］. An-
nual Review of Plant Physiology and Plant Molecular Biology，1992，43：83-116.

［10］ACAR A，CEVIK M U，EVLIYAOGLU S，et al. Evaluation of serum oxidant/antioxidant
balance in multiple sclerosis［J］. Acta Neurologica Belgica，2012，112：275-280.

［11］COUNOTTE G H，HARTMANS J. Relation between selenium content and glutathion-per-
oxidase activity in blood of cattle［J］. Veterinary Quarterly，1989，11：155-160.

［12］马森. 谷胱甘肽过氧化物酶和谷胱甘肽转硫酶研究进展［J］. 动物医学进展，2008，29(10)：
53-56.

第8章　VD 对绵羊睾丸间质细胞的影响

VD 对许多非生殖细胞的功能都产生积极影响,但是 VD 对绵羊睾丸间质细胞的影响还未曾研究过。绵羊睾丸间质细胞最重要的功能是产生与分泌睾酮,LH 是公认的调控睾丸间质细胞增殖与睾酮分泌的一个重要调节因子。因此,本试验将探讨 $1\alpha,25\text{-}(OH)_2D_3$ 对绵羊睾丸间质细胞的细胞活力及睾酮分泌的影响,并探讨这种影响在性成熟前后的绵羊睾丸间质细胞内有无差异。

8.1　材料与方法

8.1.1　试验材料

8.1.1.1　试验动物

选取山西省晋中市太谷县当地性成熟前(1～2 月龄,$n=3$)与性成熟后(6～12 月龄,$n=3$)绵羊为研究对象。

8.1.1.2　主要仪器

超净工作台(型号:DL-CJ-1N)、CO_2 培养箱(型号:Forma310)、倒置显微镜(型号:CKX53)、高压蒸汽灭菌锅(型号:MLS3750)、全波长酶标仪(型号:Epoch)、血细胞计数板(型号:XB.K.25)、荧光定量 PCR 仪(型号:Mx3000P)、电泳仪(型号:DY-CZ-24DN)、电泳槽、核酸蛋白检测系统(型号:2000/2000C)、凝胶成像系统(型号:BIO-RADXR)。

8.1.1.3　主要试剂

DMEM/F12 基础培养液、胎牛血清(FBS)、青链霉素混合液、0.25% 胰蛋白酶溶液、台盼蓝、$1\alpha,25\text{-}(OH)_2D_3$、绵羊睾酮 ELISA 试剂盒、BSA、Total RNA 提取试剂(RNAiso Plus)、反转录试剂盒(PrimeScript RT reagent Kit With gDNA Eraser)、荧光定量试剂盒(SYBR Premix Ex Taq™ II)。

8.1.2　试验方法

8.1.2.1　样品采集

在当地屠宰场将绵羊屠宰后,迅速剥离睾丸,用 75% 酒精溶液冲洗消毒后,立即放入 4 ℃的无菌 PBS 缓冲液内,1 h 内带回实验室。

8.1.2.2 睾丸间质细胞的分离

将带回实验室的性成熟前后的绵羊睾丸分别去掉外被的脂肪组织,用 75% 酒精冲洗消毒,然后在无菌条件下剪开并撕去白膜,使曲精小管完全暴露。将整个睾丸在不损伤曲精小管的情况下,在盛有无菌 PBS 缓冲液的烧杯内涮洗,涮洗至睾丸组织较为松散。由于间质细胞疏松存在于曲精小管之间,在涮洗过程中间质细胞便会进入 PBS 缓冲液内。将含有间质细胞的 PBS 缓冲液离心,离心条件为 1200 r/min,离心 5 min。离心后弃上清液,收集细胞沉淀,将细胞沉淀用 PBS 缓冲液洗涤 3 次,台盼蓝鉴定细胞活率。

8.1.2.3 CCK-8 测定细胞活力

将分离收集到的性成熟前后的绵羊睾丸间质细胞接种于 96 孔板内,每孔 1×10^4 个活细胞。培养液为含有 10% FBS、100 IU/mL 青霉素与 0.1 mg/mL 链霉素的 DMEM/F12 培养液。试验设计为 4×4 交叉分组试验,设定 4 个 $1\alpha, 25\text{-}(OH)_2 D_3$ 浓度梯度(0 nmol/L、1 nmol/L、10 nmol/L、100 nmol/L)与 4 个 LH 梯度(0 ng/mL、1 ng/mL、10 ng/mL、100 ng/mL),每个梯度 5 个复孔,试验重复 3 次。每孔内培养液终体积 100 μL。35 ℃、5% CO_2、饱和湿度培养 24 h。细胞培养 24 h 后,向各孔内加入 10 μL CCK-8 溶液,继续培养 3 h。3 h 后将培养板放入酶标仪内,450 nm 波长下读取吸光度值。

8.1.2.4 睾酮测定

将分离收集到的性成熟前后的绵羊睾丸间质细胞接种于 96 孔板内,每孔 1×10^5 个活细胞。培养液为含有 0.1% BSA、100 IU/mL 青霉素与 0.1 mg/mL 链霉素的 DMEM/F12 培养液。试验设计为 4×4 交叉分组试验,设定 4 个 $1\alpha, 25\text{-}(OH)_2 D_3$ 浓度梯度(0 nmol/L、1 nmol/L、10 nmol/L、100 nmol/L)与 4 个 LH 梯度(0 ng/mL、1 ng/mL、10 ng/mL、100 ng/mL),每个梯度 4 个复孔,试验重复 3 次。每孔内培养液终体积 200 μL。35 ℃、5% CO_2、饱和湿度培养 24 h,24 h 后收集细胞上清液用于绵羊睾酮测定。

细胞上清液内睾酮测定使用绵羊睾酮 ELISA 试剂盒,测定方法参照说明书,具体步骤如下所示。

(1)每个样品(100 μL)内加入 10 μL 的平衡液,充分混匀。

(2)将各个浓度梯度的标准品(0 pg/mL、100 pg/mL、250 pg/mL、500 pg/mL、1000 pg/mL、2500 pg/mL)依次加入酶标孔内,每孔 100 μL。

(3)在酶标孔中依次加入样品,每孔加入 100 μL 样品,空白对照加入 100 μL 的 PBS 缓冲液。

(4)再在各孔内加入 50 μL 酶标记溶液,空白孔不加酶标记溶液。

(5)将酶标板用封板膜密封后,37 ℃孵育反应 1 h。

(6)孵育完成后,弃去孔内液体,并用洗涤液清洗酶标孔 5 次。清洗后将酶标板用吸水纸彻底拍干。

(7) 各孔加入显色剂 A 50 μL,然后加入显色剂 B 50 μL。

(8) 37 ℃下避光孵育 15 min。孵育完成后,各孔加入 50 μL 终止液,终止反应。

(9) 使用酶标仪在 450 nm 波长下测定各孔吸光度值。

8.1.2.5　睾酮生成相关基因荧光定量

将分离收集到的成年绵羊睾丸间质细胞接种于 6 孔板内,每孔 1×10^6 个细胞。培养液为含有 10% FBS、100 IU/mL 青霉素与 0.1 mg/mL 链霉素的 DMEM/F12 培养液。设定 1 个对照组与 3 个试验组,对照组不添加 $1\alpha,25\text{-}(OH)_2D_3$ 与 LH;试验组 1 添加 100 nmol/L 的 $1\alpha,25\text{-}(OH)_2D_3$,但是不添加 LH;试验组 2 添加 100 ng/mL 的 LH,但是不添加 $1\alpha,25\text{-}(OH)_2D_3$;试验组 3 添加 100 nmol/L 的 $1\alpha,25\text{-}(OH)_2D_3$ 与 100 ng/mL 的 LH。每个组设定 3 个复孔,试验重复 3 次。每孔内培养液终体积 3 mL。35 ℃、5% CO_2、饱和湿度培养 24 h,24 h 后收集细胞并提取细胞总 RNA。测定各样品 RNA 浓度,然后将各样品 RNA 浓度都调整为 500 ng/μL。去除总 RNA 内的基因组 DNA 后,进行反转录。将反转录后得到的 cDNA 稀释 10 倍后进行荧光定量,以 $18s$ 基因作为内参。用反转录后得到的 cDNA 进行 2 倍梯度稀释,以每个梯度的 cDNA 作为模板制作标准曲线。荧光定量所加试剂与反应条件同第 2 章。

荧光定量目的基因为 VDR 基因,LHR(LH 受体)基因以及间质细胞内参与睾酮生物合成的 $P450scc$(胆固醇侧链裂解酶)基因、$CYP17\alpha$(17α 羟化酶)基因、$17\beta\text{-}HSD$(17β-羟甾脱氢酶)基因、StAR(甾类激素生成急性调节蛋白)基因、$3\beta\text{-}HSD$(3β-羟甾脱氢酶)基因,$18s$ 作为内参基因,使用 Primer 5.0 软件进行引物设计,所有引物序列如表 8.1 所示。

表 8.1　PCR 所用引物序列

基因名称		引物序列
VDR	上游引物	5'- ATT GAC ATC GGC ATG ATG AA -3'
	下游引物	5'- CTG GCT GAA GTC GGA GTA GG -3'
LHR	上游引物	5'- TTA TGC TTG GAG GGT GGC T -3'
	下游引物	5'- AAG AGA TCG GTG CCA TGC AG -3'
$P450scc$	上游引物	5'- AGA CGC TAA GAC TCC ACC CT -3'
	下游引物	5'- CCA CCT GGT TGG GTC AAA CT -3'
$CYP17\alpha$	上游引物	5'- ACA ACT CAT CTC GCC ATC GT -3'
	下游引物	5'- GGA GGA AGA AGG AAT GGT GGG -3'
$17\beta\text{-}HSD$	上游引物	5'- GTA GGG TTG CTG GTT TGC CT -3'
	下游引物	5'- TCC CAA TCC CAT CTC CTG CT -3'

续表

基因名称	引物序列	
StAR	上游引物	5'- ACA GGG TGG TAG CGC ATT TT -3'
	下游引物	5'- GCC TTG TCC CCG ATT CTC TT -3'
3β-HSD	上游引物	5'- TGT GCC AGC CT TCAT CTA C -3'
	下游引物	5'- CTT CTC GGC CAT CCT TTT -3'
18s	上游引物	5'- CAG ACA AAT CAC TCC ACC AA -3'
	下游引物	5'- GAA GGG CAC CAC CAG GAG T -3'

8.1.2.6 数据处理及统计分析

对于细胞活力试验,以不添加 LH 与 $1\alpha,25\text{-}(OH)_2D_3$ 为对照组,其平均吸光度值定为 100%,各孔吸光度值皆以此值换算成百分数,然后将所有百分数数据进行统计分析。数据使用 SAS 9.4 软件进行分析,采用双因素方差分析。数据以平均数±标准误表示,多重比较采用 Tukey 法。

对于睾酮试验,用 Logistics 曲线(四参数)来拟合各个浓度标准品的 OD 值,横坐标为睾酮浓度,纵坐标为 OD 值,计算出标准曲线的方程式。然后使用此方程式,结合各个样品的 OD 值,计算出各个样品内的睾酮浓度。以各个样品内的睾酮浓度作为数据进行统计分析。数据使用 SAS 9.4 软件进行分析,采用双因素方差分析。数据以平均数±标准误表示,多重比较采用 Tukey 法。

对于荧光定量,将所得目的基因与内参基因的 CT 值按照 $2^{-\Delta\Delta CT}$ 算法,算出相对表达量,运用相对表达量进行统计分析。数据应用 SPSS 软件进行分析,数据以平均数±标准误表示。使用独立样本 T 检验判断差异是否显著。

8.2 结　　果

8.2.1 $1\alpha,25\text{-}(OH)_2D_3$ 对性成熟前绵羊睾丸间质细胞活力的影响

$1\alpha,25\text{-}(OH)_2D_3$ 对性成熟前绵羊睾丸间质细胞活力的影响如图 8.1 所示。与对照组相比,当 LH 浓度为 1 ng/mL、10 ng/mL 与 100 ng/mL 时,LH 均能提高睾丸间质细胞的活力。单独使用 $1\alpha,25\text{-}(OH)_2D_3$ 刺激时,1 nmol/L、10 nmol/L、100 nmol/L 的 $1\alpha,25\text{-}(OH)_2D_3$ 也均能使得睾丸细胞活力上升。$1\alpha,25\text{-}(OH)_2D_3$ 与 LH 存在互作效应,当 $1\alpha,25\text{-}(OH)_2D_3$ 浓度为 1 nmol/L,LH 浓度为 100 ng/mL 时,绵羊睾丸间质细胞的活力最强。

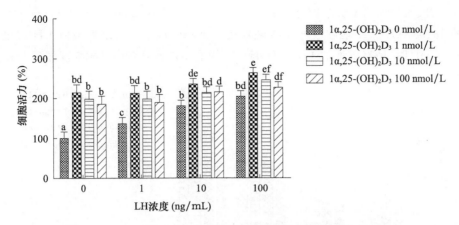

图 8.1　$1\alpha,25$-$(OH)_2D_3$ 对性成熟前绵羊睾丸间质细胞活力的影响

8.2.2　$1\alpha,25$-$(OH)_2D_3$ 对性成熟后绵羊睾丸间质细胞活力的影响

$1\alpha,25$-$(OH)_2D_3$ 对性成熟后绵羊睾丸间质细胞活力的影响如图 8.2 所示。单独使用 $1\alpha,25$-$(OH)_2D_3$ 刺激时，1 nmol/L、10 nmol/L、100 nmol/L 的 $1\alpha,25$-$(OH)_2D_3$ 均能使得睾丸间质细胞活力上升。单独使用 LH 时，10 ng/mL 与 100 ng/mL 能使得睾丸间质细胞活力上升。$1\alpha,25$-$(OH)_2D_3$ 与 LH 存在互作效应，当 $1\alpha,25$-$(OH)_2D_3$ 浓度为 10 nmol/L，LH 浓度为 10 ng/mL 时，绵羊睾丸间质细胞的活力最强。

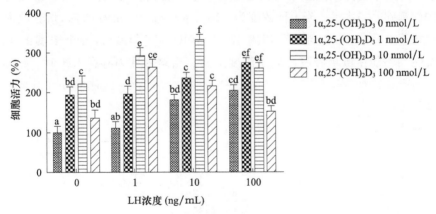

图 8.2　$1\alpha,25$-$(OH)_2D_3$ 对性成熟后绵羊睾丸间质细胞活力的影响

8.2.3　$1\alpha,25$-$(OH)_2D_3$ 对性成熟前绵羊睾丸间质细胞睾酮分泌的影响

$1\alpha,25$-$(OH)_2D_3$ 对性成熟前绵羊睾丸间质细胞睾酮分泌的影响如图 8.3 所示。当 LH 浓度为 10 ng/mL 与 100 ng/mL 时，培养液内的睾酮浓度显著上升。当单独使用 $1\alpha,25$-$(OH)_2D_3$ 刺激时，各个浓度的 $1\alpha,25$-$(OH)_2D_3$ 均不能使得培养液内睾酮

浓度上升。但是，当培养液内存在 LH 时（10 ng/mL），10 nmol/L 与 100 nmol/L 浓度的 $1\alpha,25\text{-}(OH)_2D_3$ 能够显著提高培养液内睾酮的浓度。当培养液内 LH 浓度为 100 ng/mL 时，所有浓度的 $1\alpha,25\text{-}(OH)_2D_3$ 均能使得培养液内睾酮浓度显著上升。

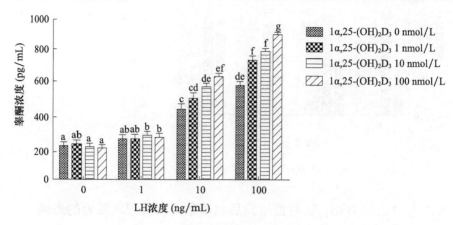

图 8.3 $1\alpha,25\text{-}(OH)_2D_3$ 对性成熟前绵羊睾丸间质细胞睾酮分泌的影响

8.2.4 $1\alpha,25\text{-}(OH)_2D_3$ 对性成熟后绵羊睾丸间质细胞睾酮分泌的影响

$1\alpha,25\text{-}(OH)_2D_3$ 对性成熟后绵羊睾丸间质细胞睾酮分泌的影响如图 8.4 所示。性成熟后绵羊睾丸间质细胞睾酮的基础分泌水平要高于性成熟前绵羊睾丸间质细胞睾酮的基础分泌水平。当 LH 浓度为 10 ng/mL 与 100 ng/mL 时，培养液内的睾酮浓度显著上升。但是，当单独使用 $1\alpha,25\text{-}(OH)_2D_3$ 刺激时，各个浓度的 $1\alpha,25\text{-}(OH)_2D_3$ 均不能使得培养液内睾酮浓度上升。当培养液内存在 LH 时（10 ng/mL 与 100 ng/mL），10 nmol/L 与 100 nmol/L 的 $1\alpha,25\text{-}(OH)_2D_3$ 能够显著提高培养液内睾酮的浓度。

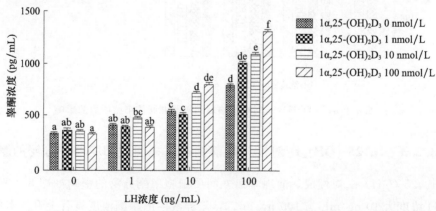

图 8.4 $1\alpha,25\text{-}(OH)_2D_3$ 对性成熟后绵羊睾丸间质细胞睾酮分泌的影响

8.2.5　1α,25-(OH)₂D₃ 对绵羊睾丸间质细胞 *LHR* 基因 mRNA 表达的影响

试验组 1 选取睾酮分泌量达到最高值时的 $1\alpha,25\text{-}(OH)_2D_3$ 浓度（100 nmol/L），对绵羊睾丸间质细胞进行刺激。刺激后，$1\alpha,25\text{-}(OH)_2D_3$ 对绵羊睾丸间质细胞 *LHR* 基因 mRNA 表达的影响如图 8.5 所示。100 nmol/L 的 $1\alpha,25\text{-}(OH)_2D_3$ 没有对 *LHR* 基因 mRNA 的表达产生显著的影响（$P>0.05$）。

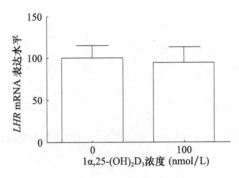

图 8.5　$1\alpha,25\text{-}(OH)_2D_3$ 对绵羊睾丸间质细胞 *LHR* 基因 mRNA 表达的影响

8.2.6　LH 对绵羊睾丸间质细胞 *VDR* 基因 mRNA 表达的影响

试验组 2 选取睾酮分泌量达到最高值时的 LH 浓度（100 ng/mL），对绵羊睾丸间质细胞进行刺激。刺激后，LH 对绵羊睾丸间质细胞 *VDR* 基因 mRNA 表达的影响如图 8.6 所示。100 ng/mL 的 LH 没有对 *VDR* 基因 mRNA 的表达产生显著的影响（$P>0.05$）。

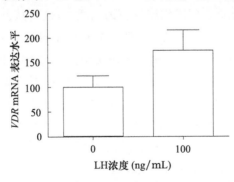

图 8.6　LH 对绵羊睾丸间质细胞 *VDR* 基因 mRNA 表达的影响

8.2.7　1α,25-(OH)₂D₃ 与 LH 对绵羊睾丸间质细胞睾酮生成相关基因的影响

试验组 3 选取睾酮分泌量达到最高值时的 $1\alpha,25\text{-}(OH)_2D_3$ 浓度（100 nmol/L）

与 LH 浓度(100 ng/mL),对绵羊睾丸间质细胞进行刺激。共同刺激后,绵羊睾丸间质细胞睾酮生成相关基因的变化情况如图 8.7 所示。$CYP17\alpha$、$StAR$、3β-HSD 基因 mRNA 表达水平有显著提高,$P450scc$ 与 17β-HSD 基因 mRNA 表达水平无显著变化($P>0.05$)。

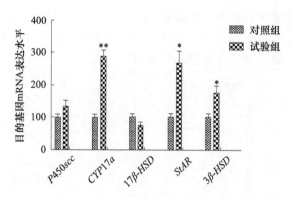

图 8.7 1α,25-$(OH)_2D_3$ 与 LH 对绵羊睾丸间质细胞睾酮生成相关基因的影响

8.3 讨 论

睾丸间质细胞位于睾丸曲精小管之间,是雄性动物合成睾酮的主要细胞[1]。VD 对于睾丸间质细胞的直接作用鲜有报道。本章试验证明了 1α,25-$(OH)_2D_3$ 能够提高性成熟前后绵羊睾丸间质细胞的活力,并能促进 LH 诱导的绵羊睾丸间质细胞睾酮的分泌。LH 与 1α,25-$(OH)_2D_3$ 对间质细胞活力的影响还未见报道,不过 LH 一直被视为能够强有力地促进间质细胞增殖的物质[2],这也从侧面证明 LH 可能会提高睾丸间质细胞的活力。1α,25-$(OH)_2D_3$ 单独作用于绵羊睾丸间质细胞能够提高间质细胞的活力,却不能提高间质细胞的睾酮分泌。这或许是因为间质细胞上 VDR 无法与 LH 受体一样直接促使间质细胞内 cAMP 上升,进而无法引起睾酮上升。

睾酮是由睾丸间质细胞产生的,它是调节雄性生殖的关键激素。LH 是调节间质细胞睾酮生成与增殖的关键的内分泌因子[3]。目前,VD 对绵羊睾丸间质细胞基础的、LH 诱导的睾酮分泌以及细胞活力都没有研究。本章试验研究证明了 1α,25-$(OH)_2D_3$ 能够刺激 LH 诱导的绵羊睾丸间质细胞睾酮分泌。

一些体内的研究表明,在 VD 充足与 VD 缺乏的青少年与成年人体内,其睾酮与 LH 的浓度没有差别[4]。另外,VDR 基因敲除的雄性小鼠相对于野生型小鼠,其体内 LH 与睾酮水平也没有显著变化[5]。但是,一份对人原代睾丸细胞培养的研究表明,1α,25-$(OH)_2D_3$ 能够刺激基础的与 LH＋IGF1 诱导的睾酮分泌[6]。本试验发现,1α,25-$(OH)_2D_3$ 对性成熟前后绵羊睾丸间质细胞基础的(不添加 LH)睾酮分泌没有作用,但是当培养液内添加 10 ng/mL 与 100 ng/mL LH 时,$1\alpha,25\text{-}(OH)_2D_3$ 对 LH 诱导的睾酮分泌有促进作用。

　　成年动物的睾丸间质细胞需要 LH 才能发挥其基本功能,LH 能刺激睾丸间质细胞睾酮分泌与增殖[7]。另外,从羔羊到成年羊的过程中,睾丸质量与循环的睾酮浓度都有增加[8]。因此,本试验研究了性成熟前与性成熟后绵羊睾丸间质细胞对 LH 与 $1\alpha,25\text{-}(OH)_2D_3$ 的应答。研究发现,性成熟后绵羊睾丸间质细胞的基础睾酮分泌要高于性成熟前绵羊睾丸间质细胞的基础睾酮分泌,且性成熟前后 LH 与 $1\alpha,25\text{-}(OH)_2D_3$ 刺激睾酮分泌的模式都相似。这表明 LH 与 $1\alpha,25\text{-}(OH)_2D_3$ 对绵羊睾丸间质细胞的刺激与性成熟与否无关。

　　在间质细胞内,LH 诱导的睾酮生物合成与细胞内 cAMP 和钙离子浓度升高有关[9,10]。虽然 $1\alpha,25\text{-}(OH)_2D_3$ 在其他细胞内也能刺激 cAMP 与钙离子浓度的升高[11-13],但是本研究没有发现 $1\alpha,25\text{-}(OH)_2D_3$ 能够刺激基础睾酮的分泌。或许 $1\alpha,25\text{-}(OH)_2D_3$ 刺激绵羊睾酮生成机制与 cAMP 或钙离子关系不大。关于 $1\alpha,25\text{-}(OH)_2D_3$ 如何刺激 LH 诱导的绵羊睾丸间质细胞睾酮的分泌,还需进一步研究。

　　本章试验也表明,$1\alpha,25\text{-}(OH)_2D_3$ 与 LH 对提高绵羊睾丸间质细胞活力和促进睾酮分泌存在互作效应,推测这可能是 $1\alpha,25\text{-}(OH)_2D_3$ 使得间质细胞上 LHR 增多,或者是 LH 使得间质细胞上 VDR 增多导致的。但是,研究结果表明 $1\alpha,25\text{-}(OH)_2D_3$ 未能引起 *LHR* mRNA 表达量上升,LH 也未能引起 *VDR* mRNA 表达量上升。因此,$1\alpha,25\text{-}(OH)_2D_3$ 可能与 LH 同时结合到间质细胞膜上,促进 LH 诱导的 cAMP 浓度上升,从而使得细胞活力与睾酮合成进一步上升。对于以上推测,需要进一步研究。

　　睾酮的生成是一个极为复杂的生物过程。LH 与睾丸间质细胞上 LHR 结合后,激活了腺苷酸环化酶,使得 cAMP 浓度上升,进而使得胆固醇转移至线粒体外膜。此时,StAR 使胆固醇快速从线粒体外膜转运至线粒体内膜,线粒体内膜上 P450scc 将胆固醇转化为孕烯醇酮,3β-HSD 将孕烯醇酮进一步转化为孕酮,CYP17α 将孕酮转化为雄烯二酮,最后 17β-HSD 将雄烯二酮转化为睾酮[14,15]。试验结果表明,*StAR*、*3β-HSD* 与 *CYP17α* 基因的 mRNA 表达量显著提高,但是其他基因无明显变化。这说明 LH 与 $1\alpha,25\text{-}(OH)_2D_3$ 同时作用于睾丸间质细胞时,胆固醇从线粒体内膜向线粒体外膜转移的速度加快,孕烯醇酮转化为孕酮的速度加快,孕酮转化为雄烯二酮的速度加快。

　　总之,$1\alpha,25\text{-}(OH)_2D_3$ 能够提高绵羊睾丸间质细胞活力,并促进 LH 诱导的绵羊睾丸间质细胞睾酮的分泌。但是 $1\alpha,25\text{-}(OH)_2D_3$ 如何促进 LH 诱导睾酮分泌需要进一步研究。

8.4 小 结

本章研究表明,$1\alpha,25\text{-}(OH)_2D_3$ 与 LH 皆能提高体外培养的性成熟前后绵羊睾丸间质细胞的活力,且 $1\alpha,25\text{-}(OH)_2D_3$ 与 LH 存在互作效应。$1\alpha,25\text{-}(OH)_2D_3$ 不能独立促进体外培养的性成熟前后绵羊睾丸间质细胞睾酮的分泌,但是能够促进 LH 诱导的睾酮的分泌,且 $1\alpha,25\text{-}(OH)_2D_3$ 与 LH 存在互作效应。$1\alpha,25\text{-}(OH)_2D_3$ 对性成熟后绵羊睾丸间质细胞 *LHR* mRNA 的表达量没有影响,LH 也对性成熟后绵羊睾丸间质细胞 *VDR* mRNA 的表达量没有影响。$1\alpha,25\text{-}(OH)_2D_3$ 与 LH 共同作用于体外培养的性成熟后绵羊睾丸间质细胞时,使得 *StAR*、$3\beta\text{-}HSD$ 与 *CYP*17α 基因的 mRNA 表达量显著提高。

参考文献

[1] HAIDER S G. Cellbiology of Leydig cells in the testis[J]. International Review of Cytology, 2004, 233:181-241.

[2] O'SHAUGHNESSY P J, MORRIS I D, HUHTANIEMI I, et al. Role of androgen and gonadotrophins in the development and function of the Sertoli cells and Leydig cells: data from mutant and genetically modified mice[J]. Mol Cell Endocrinol, 2009, 306: 2-8.

[3] SVECHNIKOV K, LANDREH L, WEISSER J, et al. Origin, development and regulation of human Leydig cells[J]. Horm Res Paediatr, 2010, 73: 93-101.

[4] BLOMBERG J M. Vitamin D and male reproduction[J]. Nat Rev Endocrinol, 2014, 10: 175-186.

[5] BLOMBERG J M, LIEBEN L, NIELSEN J E, et al. Characterization of the testicular, epididymal and endocrine phenotypes in the Leuven*Vdr*-deficient mouse model: targeting estrogen signalling[J]. Mol Cell Endocrinol, 2013, 377: 93-102.

[6] HOFER D, MüNZKER J, ZACHHUBER V, et al. Vitamin D is associated with androgen synthesis in human testicular cells[J]. Endocrine Abstracts, 2014, 35: 947.

[7] O'SHAUGHNESSY P J, BAKER P J, JOHNSTON H. Neuroendocrine regulation of Leydig cell development[J]. Ann N Y Acad Sci, 2006, 1061: 109-119.

[8] WANKOWSKA M, POLKOWSKA J, WÓJCIK G A. Influence of gonadal hormones on endocrine activity of gonadotroph cells in the adenohypophysis of male lambs during the postnatal transition to puberty [J]. Anim Reprod. Sci, 2010, 122: 342-352.

[9] HUHTANIEMI I, TOPPARI J. Endocrine, paracrine and autocrine regulation of testicular steroidogenesis[J]. Adv Exp Med Biol, 1995, 377: 33-54.

[10] COSTA R R, REIS R I, AGUIAR J F, et al. Luteinizing hormone (LH) acts through PKA and PKC to modulate T-type calcium currents and intracellular calcium transients in mice Leydig cells[J]. Cell Calcium, 2011, 49: 191-199.

［11］BISSONNETTE M，TIEN X Y，NIEDZIELA S M,et al. 1,25-Dihydroxyvitamin D_3 activates protein kinase C-α in Caco-2 cells：a mechanism to limit secosteroid induced rise in Ca^{2+}［J］. Am J Physiol，1994，267：465-475.

［12］VAZQUEZ G，BOLAND R，DEBOLAND A R. Modulation by 1α,25$(OH)_2$-vitamin D_3 of the adenyl cyclase/ cyclic AMP pathway in rat and chick myoblasts［J］. Biochim Biophys Acta，1995，1269：91-97.

［13］ZANATTA L，ZAMONER A，ZANATTA A P，et al. Nongenomic and genomic effects of 1α,25$(OH)_2$ vitamin D_3 in rat testis［J］. Life Sciences，2011，89：515-523.

［14］王晓云，张健，李健，等. 睾丸间质细胞分泌功能调节因素的研究进展［J］. 解剖科学进展，2002，8(3)：274-278.

［15］游海燕. Leydig 细胞睾酮合成的调节［J］. 中国男科学杂志，2003，17(2)：138-141.

第9章　VD对体外培养的附睾上皮细胞营养作用研究

第3章和第4章的结果表明,参与VD合成与降解的蛋白和VDR蛋白存在于绵羊睾丸内,预示着VD会对睾丸细胞产生影响。目前,就VD对绵羊睾丸细胞的影响已做过较为全面的研究,发现VD对绵羊睾丸细胞活力、增殖、糖代谢、抗氧化、激素分泌等功能都有积极作用[1],因此不再针对绵羊睾丸细胞进行研究。另外,第3章和第4章的研究也表明,参与VD合成与降解的蛋白和VDR这五种蛋白存在于附睾内,且这五种蛋白都主要定位于附睾上皮细胞内。这些蛋白的存在,预示着VD可能会对附睾上皮细胞有营养作用。

附睾是雄性动物精子成熟的场所,精子在睾丸内形成后,还会在附睾内停留较长一段时间。在这段时间内,精子主要与附睾上皮细胞发生接触,附睾上皮细胞的生理活性将会直接影响到精子的成熟[2]。虽然VD可以改善多种细胞的生理活性,比如提高人脐静脉内皮细胞活力[3]、刺激人上皮细胞系(S-G)的增殖[4]、影响人大肠癌细胞凋亡[5]、提高小鼠视网膜内视锥细胞抗氧化能力[6]等,但是VD是否对附睾上皮细胞的生理活性有影响鲜有报道。因此,本章将分别培养附睾头、体、尾上皮细胞,并在培养液内加入$1\alpha,25\text{-}(OH)_2D_3$,以探寻VD对附睾上皮细胞活力、增殖、凋亡、抗氧化等基础生理活性指标以及特征性蛋白分泌等功能指标的影响,为VD在雄性绵羊生殖领域的研究提供一定的参考。

9.1　材料与方法

9.1.1　试验材料

9.1.1.1　主要仪器

全波长酶标仪(型号:Epoch)、CO_2培养箱(型号:Forma310)、荧光定量PCR仪(型号:Mx3000P)、核酸蛋白检测系统(型号:2000/2000C)、分光光度计(型号:UV2000)、恒温水浴锅(型号:HH.S11-8)。

9.1.1.2　主要试剂

DMEM/F12基础培养液、CCK-8试剂盒、青链霉素混合液、胎牛血清(FBS)、$1\alpha,25\text{-}(OH)_2D_3$、Total RNA提取试剂(RNAiso Plus)、反转录试剂盒(PrimeScript

RT reagent Kit With gDNA Eraser)、荧光定量试剂盒(SYBR Premix Ex Taq™ II)、总抗氧化能力(T-AOC)试剂盒、过氧化氢酶(CAT)试剂盒、超氧化物歧化酶(SOD)试剂盒、谷胱甘肽过氧化物酶(GSH-PX)试剂盒、谷胱甘肽 S-转移酶(GST)试剂盒、唾液酸(SA)试剂盒、绵羊 α-1,4 糖苷酶 ELISA 试剂盒、绵羊乳铁蛋白 ELISA 试剂盒。

9.1.2　试验方法

9.1.2.1　附睾头、体、尾上皮细胞的分离及培养

4 只性成熟的杜泊绵羊与小尾寒羊杂交后代,经屠宰后迅速采集附睾,在无菌条件下将附睾表面被膜剪掉,以暴露出附睾管。分别收集附睾头、体、尾的附睾管,并在盛有少许 PBS 缓冲液的培养皿内将附睾管剪成糊状。将糊状物 1200 r/min 离心 5 min,弃去上清液,在组织块沉淀中加入 0.25% 胰蛋白酶溶液,37 ℃消化 40 min,消化过程中经常摇晃消化液,以达到充分消化的目的。将消化物 1200 r/min 离心 5 min,弃去上清液,在沉淀内加入 0.1% 胶原酶 I,37 ℃消化 40 min,消化过程中经常摇晃消化液,以达到充分消化的目的。消化结束后的消化物 200 目细胞筛过滤,收集滤液。将滤液 1200 r/min 离心 5 min,弃去上清液,收集细胞沉淀,并用 PBS 缓冲液将收集的细胞清洗 3 次。

将刚刚收集的附睾头、体、尾细胞分别接种于培养瓶内,培养液为含有 10% FBS、100 IU/mL 青霉素、0.1 mg/mL 链霉素的 DMEM/F12 培养液。35 ℃、5% CO_2 浓度、饱和湿度培养 6 h。6 h 后成纤维细胞等非上皮细胞贴壁完成,吸出培养液以收集未贴壁的细胞。将未贴壁的细胞移入新培养瓶内继续培养,培养条件不变。当细胞贴满培养板底 80%~90% 时,0.25% 胰蛋白酶溶液消化进行传代培养。

9.1.2.2　细胞活力检测

将第二代附睾头、体、尾上皮细胞分别接种于 96 孔细胞培养板内,每孔 1×10^4 个细胞。细胞分 4 组,各组内 1α,25-$(OH)_2D_3$ 终浓度分别为 0 nmol/L、1 nmol/L、10 nmol/L、100 nmol/L,每孔内最终培养液体积 100 μL。每组设定 5 个复孔,试验重复 4 次。细胞在 35 ℃、5% CO_2 浓度、饱和湿度条件下培养 24 h。24 h 后每孔加入 10 μL 的 CCK-8 溶液,继续培养 3 h。3 h 后将 96 孔培养板放入酶标仪内,450 nm 波长下检测每孔吸光度值。

9.1.2.3　细胞增殖检测

将第二代附睾头、体、尾上皮细胞分别接种于 96 孔细胞培养板内,每孔 1×10^4 个细胞。细胞分为 4 组,每组内 1α,25-$(OH)_2D_3$ 终浓度为 0 nmol/L、1 nmol/L、10 nmol/L、100 nmol/L,每孔内最终培养液体积 200 μL。每组设定 3 个复孔,试验重复 4 次。细胞在 35 ℃、5% CO_2 浓度、饱和湿度条件下培养 4 d。4 d 后 0.25% 胰蛋白酶溶液消化并分别收集每孔细胞,并用血细胞计数板在显微镜下对每孔细胞进

行计数。

9.1.2.4　凋亡基因 Real-time PCR

通过对凋亡相关基因 $p53$、bax 和 $bcl\text{-}2$ 进行荧光定量,来判断 VD 对附睾上皮细胞凋亡的影响。将附睾头、体、尾上皮细胞混合后接种于 6 孔板内,每孔 1×10^6 个细胞。细胞分 4 组,各组内 $1\alpha,25\text{-}(OH)_2D_3$ 终浓度分别为 0 nmol/L、1 nmol/L、10 nmol/L、100 nmol/L,每孔内最终培养液体积 3 mL。每组设定 3 个复孔,试验重复 4 次。细胞在 35 ℃、5% CO_2 浓度条件下培养 4 d。4 d 后 0.25% 胰蛋白酶溶液消化并分别收集每孔细胞。将收集到的细胞提取总 RNA,反转录,并进行 Real-time PCR 反应。

9.1.2.5　引物设计

引物使用 Primer 5.0 软件进行设计。绵羊 $p53$、bax、$bcl\text{-}2$ 基因为目的基因,绵羊 $\beta\text{-}actin$ 基因为内参基因。引物设计如表 9.1 所示。

表 9.1　Real-time PCR 所用引物序列

基因名称	引物序列	
$p53$	上游引物	5'- CCC GCC TCA GCA CCT TAT -3'
	下游引物	5'- GCA CAA ACA CGC ACC TC -3'
bax	上游引物	5'- CGA GTG GCG GCT GAA AT -3'
	下游引物	5'- GGT CTG CCA TGT GGG TGT C-3'
$bcl\text{-}2$	上游引物	5'- CGC ATC GTG GCC TTC TTT -3'
	下游引物	5'- CGG TTC AGG TAC TCG GTC ATC-3'
$\beta\text{-}actin$	上游引物	5'- GCA AAG ACC TCT ACG CCA AC -3'
	下游引物	5'- GGG CAG TGA TCT CTT TCT GC-3'

9.1.2.6　细胞抗氧化能力测定

分别将第二代的附睾头、体、尾上皮细胞接种于 6 孔细胞培养板内,每孔 5×10^5 个细胞。细胞分为 4 组,各组内 $1\alpha,25\text{-}(OH)_2D_3$ 终浓度分别为 0 nmol/L、1 nmol/L、10 nmol/L、100 nmol/L,每孔内最终培养液体积 3 mL。每组设定 3 个复孔,试验重复 4 次。细胞在 35 ℃、5% CO_2 浓度、饱和湿度条件下培养 4 d。4 d 后 0.25% 胰蛋白酶溶液消化并收集细胞,细胞 1200 r/min 离心 10 min,弃上清液。收集的细胞沉淀用 500 μL PBS 缓冲液重悬,然后用超声波破碎仪破碎细胞,破碎条件为频率 70 Hz,破碎 30 s,暂停 30 s,持续 20 min。破碎好的细胞分别测定细胞 T-AOC、CAT 活力、SOD 活力、GSH-PX 活力、GST 活力,方法如下。

(1)总抗氧化能力检测

机体中许多的抗氧化物质能够将 Fe^{3+} 还原成 Fe^{2+},后者可以与菲啉类物质形成稳固的络合物,通过比色法可以估测总抗氧化能力。试验用破碎好的细胞测定总抗氧化能力,测定方法如下。

第一步,测定管与对照管内所加入的试剂如表 9.2 所示。

表 9.2　总抗氧化能力测定第一步管内所加试剂

	测定管	对照管
试剂一(mL)	1	1
待测样本(mL)	0.1	—
试剂二应用液(mL)	2	2
试剂三应用液(mL)	0.5	0.5

试剂加好后,漩涡混匀器充分混匀,37 ℃水浴 30 min。

第二步,水浴完成后,向第一步的测定管与对照管内再加入的试剂如表 9.3 所示。

表 9.3　总抗氧化能力测定第二步管内所加试剂

	测定管	对照管
试剂四(mL)	0.2	0.2
待测样本(mL)	—	0.1
试剂五(mL)	0.2	0.2

试剂加好后,充分混匀,室温放置 10 min。使用分光光度计在 520 nm 处测定各样本吸光度值,光径为 1 cm,双蒸水调零。

总抗氧化能力以总抗氧化能力单位表示。在 37 ℃时,每分钟每毫克组织蛋白,使反应体系的 OD 值增加 0.01 时,为一个总抗氧化能力单位。将所得 OD 值换算为总抗氧化能力,然后用总抗氧化能力数据进行统计分析。

(2)过氧化氢酶活力检测

过氧化氢酶分解 H_2O_2 的反应可通过加入钼酸氨而迅速终止,剩余的 H_2O_2 与钼酸铵作用产生一种淡黄色的络合物,在 405 nm 处测定其变化,可以计算出 CAT 的活力。试验用破碎好的细胞测定过氧化氢酶活力,测定方法如下。

第一步,测定管与对照管内所加入的试剂如表 9.4 所示。

表 9.4　过氧化氢酶活力测定第一步管内所加试剂

	测定管	对照管
待测样本(mL)	0.05	—
试剂一(37 ℃预温)(mL)	1	1
试剂二(37 ℃预温)(mL)	0.1	0.1

试剂加好后,充分混匀,37 ℃水浴 1 min。

第二步,水浴完成后,向第一步的测定管与对照管内再加入的试剂如表 9.5 所示。

表 9.5　过氧化氢酶活力测定第二步管内所加试剂

	测定管	对照管
试剂三(mL)	1	1
试剂四(mL)	0.1	0.1
待测样本(mL)	0.05	—

试剂加好后,充分混匀,使用分光光度计在 405 nm 处测定各样本吸光度值,光径为 0.5 cm,双蒸水调零。

过氧化氢酶活力以活力单位表示,每毫克组织蛋白每秒钟分解 1 μmol 的 H_2O_2 的量为一个活力单位。将所得 OD 值换算为过氧化氢酶活力,然后用过氧化氢酶活力数据进行统计分析。

(3)超氧化物歧化酶活力测定

用破碎好的细胞测定 SOD 活力,测定方法如下。

酶标板分为对照孔、对照空白孔、测定孔、测定空白孔。各孔加入的试剂如表 9.6 所示。

表 9.6　超氧化物歧化酶活力测定孔内所加试剂

	对照孔	对照空白孔	测定孔	测定空白孔
待测样本(μL)	—	—	20	20
双蒸水(μL)	20	20	—	—
酶工作液(μL)	20	—	20	—
酶稀释液(μL)	—	20	—	20
底物应用液(μL)	200	200	200	200

试剂加好后,充分混匀,37 ℃孵育 20 min,使用酶标仪在 450 nm 处测定各样本吸光度值。对照、对照空白、测定空白一批试验只需各做 1~2 孔。

超氧化物歧化酶活力以超氧化物歧化酶活力单位表示。在本反应体系中,SOD 抑制率达 50% 时所对应的酶量为一个超氧化物歧化酶活力单位。将所得 OD 值换算为超氧化物歧化酶活力,然后用超氧化物歧化酶活力数据进行统计分析。

(4)谷胱甘肽过氧化物酶测定

GSH-PX 可以促进 H_2O_2 与 GSH 发生反应,生成 H_2O 及氧化型谷胱甘肽(GSSG),GSH-PX 的活力可用其酶促反应的速度来表示,测定此酶促反应中 GSH 的消耗,则可求出酶活力。GSH-PX 的活力以催化 GSH 的反应速度来表示,由于这两个底物在没有酶的条件下也能进行氧化还原反应(称非酶促反应),所以最后计算此酶活力时必须扣除非酶促反应所引起的 GSH 减少的部分。GSH 和二硫代二硝基苯甲酸作用生成 5-硫代二硝基苯甲酸阴离子,呈现较稳定的黄色,在 412 nm 处测定其吸光度即可计算出 GSH 的量。试验用破碎好的细胞测定 GSH-PX,测定方法如下。

第一步,所加入的试剂如表 9.7 所示。

表 9.7   谷胱甘肽过氧化物酶活力测定第一步管内所加试剂

	非酶管	酶管
1 mmol/L GSH(mL)	0.2	0.2
待测样本(mL)	—	0.2

试剂加好后,充分混匀,37 ℃水浴 5 min。

第二步,水浴完成后,向第一步的非酶管与酶管内再加入的试剂如表 9.8 所示。

表 9.8   谷胱甘肽过氧化物酶活力测定第二步管内所加试剂

	非酶管	酶管
试剂一应用液(mL)	0.1	0.1

试剂加好后,充分混匀,37 ℃水浴 5 min。

第三步,水浴完成后,向第二步的非酶管与酶管内再加入的试剂如表 9.9 所示。

表 9.9   谷胱甘肽过氧化物酶活力测定第三步管内所加试剂

	非酶管	酶管
试剂二应用液(mL)	2	2
待测样本(mL)	0.2	—

试剂加好后,充分混匀,3500～4000 r/min 离心 10 min,取上清液 1 mL 进行第四步显色反应。

第四步所加试剂如表 9.10 所示。

表 9.10   谷胱甘肽过氧化物酶活力测定第四步管内所加试剂

	空白管	标准管	非酶管	酶管
GSH 标准溶剂应用液(mL)	1	—	—	—
20 μmol GSH 标准液(mL)	—	1	—	—
上清液(mL)	—	—	1	1
试剂三应用液(mL)	1	1	1	1
试剂四应用液(mL)	0.25	0.25	0.25	0.25
试剂五应用液(mL)	0.05	0.05	0.05	0.05

试剂加好后,充分混匀,室温静置 15 min。用分光光度计 412 nm 测定各管吸光度值,光径 1 cm,双蒸水调零。

GSH-PX 活力用酶活力单位表示,规定为每毫克蛋白质每分钟扣除非酶反应的作用,使反应体系中 GSH 浓度降低 1 μmol/L 为一个酶活力单位。将所得 OD 值换算成为 GSH-PX 酶活力,然后使用酶活力进行统计分析。

(5)谷胱甘肽 S-转移酶测定

用破碎好的细胞测定 GST 活力,测定方法如下。

第一步所加试剂如表 9.11 所示。

表 9.11　谷胱甘肽 S-转移酶活力测定第一步管内所加试剂

	测定管	对照管
基质液(mL)	0.3	0.3
待测样本(mL)	0.1	—

试剂加好后,充分混匀,37 ℃水浴 30 min。

第二步,水浴完成后,向第一步的测定管与对照管内再加入的试剂如表 9.12 所示。

表 9.12　谷胱甘肽 S-转移酶活力测定第二步管内所加试剂

	测定管	对照管
试剂二(mL)	2	2
待测样本(mL)	—	0.1

试剂加好后,充分混匀,3500~4000 r/min 离心 10 min,取上清液进行第三步显色反应。

第三步所加试剂如表 9.13 所示。

表 9.13　谷胱甘肽 S-转移酶活力测定第三步管内所加试剂

	空白管	标准管	测定管	对照管
试剂二(mL)	2	—	—	—
20 μmol GST(mL)	—	2	—	—
上清液(mL)	—	—	2	2
试剂三(mL)	2	2	2	2
试剂四(mL)	0.5	0.5	0.5	0.5

试剂加好后,充分混匀,室温放置 15 min,用分光光度计在 412 nm 处测定各管吸光度值,光径 1 cm,蒸馏水调零。

将所得 OD 值换算为 GST 活力,然后用 GST 活力数据进行统计分析。

9.1.2.7　细胞上清液内唾液酸、α-1,4 糖苷酶、乳铁蛋白的测定

将第二代附睾头、体、尾上皮细胞分别接种于 96 孔细胞培养板内,每孔 1×10^4 个细胞。细胞分为 4 组,每组内 1α, 25-$(OH)_2D_3$ 终浓度为 0 nmol/L、1 nmol/L、10 nmol/L、100 nmol/L,每孔内最终培养液体积 200 μL。每组设定 3 个复孔,试验重复 4 次。细胞在 35 ℃、5% CO_2 浓度、饱和湿度条件下培养 24 h。24 h 后吸取上清液并测定唾液酸(SA)、α-1,4 糖苷酶、乳铁蛋白浓度,方法如下。

(1)唾液酸测定

唾液酸在氧化剂存在的情况下与 5-甲基苯二酚形成紫红色络合物,吸光度符合比色定律,通过络合物 560 nm 波长时的吸光度与标准,即可计算出唾液酸的含量。

细胞上清液中唾液酸检测试验分为空白管、标准管、测定管。各管所加入试剂如表 9.14 所示。

表 9.14　唾液酸测定管内所加试剂

	空白管	标准管	测定管
双蒸水(mL)	0.1	—	—
1 mmol/L SA 标准品(mL)	—	0.1	—
细胞上清液(mL)	—	—	0.1
试剂一(mL)	0.2	0.2	0.2
试剂二显色剂(mL)	4	4	4

试剂加好后,充分混匀,100 ℃水浴 15 min,流水冷却后,3000~3500 r/min 离心 10 min。取上清液,分光光度计测定 560 nm 波长吸光度,光径 1 cm,双蒸水调零。

将所得 OD 值换算成 SA 的含量,以 SA 的含量为数据进行统计分析。

(2)α-1,4 糖苷酶的测定

细胞上清液 2000 r/min 离心 10 min,收集上清液。每个样品(100 μL)内加入 10 μL 的平衡液,混匀。再将各个标准品 0 ng/mL、5 ng/mL、10 ng/mL、25 ng/mL、50 ng/mL、100 ng/mL 依次加入酶标板孔中,在酶标板孔中加入 100 μL 含有平衡液的样品,空白对照加入 100 μL 的 PBS 缓冲液。再向各孔中加入 50 μL 的酶标记溶液,其中空白孔不加。将酶标板密封,37 ℃孵育 1 h,用浓缩洗涤液以 1:100 的比例与蒸馏水稀释,得到洗涤工作液,用洗涤工作液洗涤酶标孔 5 次。洗涤后将酶标板甩干,各孔加入显色剂 A 50 μL,再加入显色剂 B 50 μL,37 ℃条件下避光反应 15 min,然后各孔加入 50 μL 的终止液,终止反应。将酶标板放入酶标仪,450 nm 波长下检测各孔 OD 值。以标准品浓度为横坐标,OD 值为纵坐标,Logistic 四参数进行曲线拟合。将所得样品 OD 值应用标准曲线算出 α-1,4 糖苷酶的浓度,用此浓度为数据进行统计分析。

(3)绵羊乳铁蛋白的测定

应用绵羊乳铁蛋白 ELISA 试剂盒测定细胞上清液内的乳铁蛋白浓度。ELISA 试剂盒操作方法参照说明书。将所得样品 OD 值应用标准曲线算出乳铁蛋白的浓度,用此浓度为数据进行统计分析。

9.1.2.8　数据处理及统计分析

数据应用 SPSS 软件进行分析,以平均数±标准误表示,使用单因素方差分析,多重比较采用 Tukey 法。

9.2　结　果

9.2.1　$1\alpha,25\text{-}(OH)_2D_3$ 对绵羊附睾上皮细胞活力的影响

附睾头、体、尾上皮细胞分别在不同浓度 $1\alpha,25\text{-}(OH)_2D_3$ 条件下培养 24 h 后,用 CCK-8 试剂测定细胞活力,结果如图 9.1 所示。与不添加 $1\alpha,25\text{-}(OH)_2D_3$ 的对照组相比,当 $1\alpha,25\text{-}(OH)_2D_3$ 添加量为 1 nmol/L、10 nmol/L、100 nmol/L 时,附睾头、体、尾细胞的活力都有显著提高($P<0.01$ 或 $P<0.05$)。

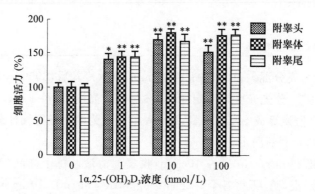

图 9.1　$1\alpha,25\text{-}(OH)_2D_3$ 对附睾上皮细胞活力的影响

9.2.2　$1\alpha,25\text{-}(OH)_2D_3$ 对绵羊附睾上皮细胞增殖的影响

附睾头、体、尾上皮细胞在不同浓度 $1\alpha,25\text{-}(OH)_2D_3$ 条件下培养 4 d 后,用血细胞计数板对细胞进行计数,以探究 $1\alpha,25\text{-}(OH)_2D_3$ 对附睾细胞增殖的影响,结果如图 9.2 所示。与不添加 $1\alpha,25\text{-}(OH)_2D_3$ 的对照组相比,当 $1\alpha,25\text{-}(OH)_2D_3$ 浓度为 1 nmol/L、10 nmol/L、100 nmol/L 时,附睾头上皮细胞增殖显著提高($P<0.01$ 或 $P<0.05$);当 $1\alpha,25\text{-}(OH)_2D_3$ 浓度为 10 nmol/L、100 nmol/L 时,附睾体、尾上皮细胞增殖显著提高($P<0.01$ 或 $P<0.05$)。以上结果共同说明,VD 能够提高附睾上皮

细胞活力,并促进附睾上皮细胞增殖。

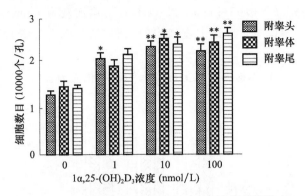

图 9.2　$1\alpha,25\text{-}(OH)_2D_3$ 对附睾上皮细胞增殖的影响

9.2.3　$1\alpha,25\text{-}(OH)_2D_3$ 对绵羊附睾上皮细胞抗氧化能力的影响

附睾头、体、尾上皮细胞在不同浓度 $1\alpha,25\text{-}(OH)_2D_3$ 条件下培养 4 d 后,测定附睾上皮细胞 T-AOC、CAT 活性、SOD 活性、GSH-PX 活性、GST 活性,以判定 $1\alpha,25\text{-}(OH)_2D_3$ 对附睾上皮细胞抗氧化能力的影响,结果如图 9.3~图 9.7 所示。

图 9.3 为 $1\alpha,25\text{-}(OH)_2D_3$ 对 T-AOC 的影响,与不添加 $1\alpha,25\text{-}(OH)_2D_3$ 的对照组相比,$1\alpha,25\text{-}(OH)_2D_3$ 添加量为 1 nmol/L、10 nmol/L、100 nmol/L 时,附睾头、体、尾上皮细胞的 T-AOC 显著提高($P<0.01$ 或 $P<0.05$)。

图 9.4 为 $1\alpha,25\text{-}(OH)_2D_3$ 对 CAT 活性的影响,与不添加 $1\alpha,25\text{-}(OH)_2D_3$ 的对照组相比,当 $1\alpha,25\text{-}(OH)_2D_3$ 添加量为 1 nmol/L、10 nmol/L、100 nmol/L 时,附睾头、体、尾上皮细胞的 CAT 活力有显著提高($P<0.01$ 或 $P<0.05$)。

图 9.5 为 $1\alpha,25\text{-}(OH)_2D_3$ 对 SOD 活性的影响,与不添加 $1\alpha,25\text{-}(OH)_2D_3$ 的对照组相比,当 $1\alpha,25\text{-}(OH)_2D_3$ 添加量为 1 nmol/L、10 nmol/L、100 nmol/L 时,附睾头上皮细胞的 SOD 活力有显著提高($P<0.05$ 或 $P<0.01$);当 $1\alpha,25\text{-}(OH)_2D_3$ 添加量为 1 nmol/L、10 nmol/L 时,附睾体、尾上皮细胞的 SOD 活力有显著提高($P<0.05$ 或 $P<0.01$)。

图 9.6 为 $1\alpha,25\text{-}(OH)_2D_3$ 对 GSH-PX 活性的影响,与不添加 $1\alpha,25\text{-}(OH)_2D_3$ 的对照组相比,当 $1\alpha,25\text{-}(OH)_2D_3$ 添加量为 1 nmol/L 时,附睾头上皮细胞 GSH-PX 活力显著提高($P<0.01$);当 $1\alpha,25\text{-}(OH)_2D_3$ 添加量为 1 nmol/L、10 nmol/L 时,附睾体上皮细胞 GSH-PX 活力显著提高($P<0.05$ 或 $P<0.01$);当 $1\alpha,25\text{-}(OH)_2D_3$ 添加量为 1 nmol/L、10 nmol/L、100 nmol/L 时,附睾尾上皮细胞 GSH-PX 活力显著提高($P<0.05$ 或 $P<0.01$)。

图 9.7 为 $1\alpha,25\text{-}(OH)_2D_3$ 对 GST 活性的影响,与不添加 $1\alpha,25\text{-}(OH)_2D_3$ 的对

照组相比,当 $1\alpha,25\text{-}(OH)_2D_3$ 添加量为 1 nmol/L、10 nmol/L 时,附睾头上皮细胞的 GST 活力显著提高($P<0.05$);当 $1\alpha,25\text{-}(OH)_2D_3$ 添加量为 1 nmol/L、10 nmol/L、100 nmol/L 时,附睾体与附睾尾上皮细胞的 GST 活力都有显著提高($P<0.01$ 或 $P<0.05$)。

以上结果表明,VD 能提高附睾上皮细胞的抗氧化能力。

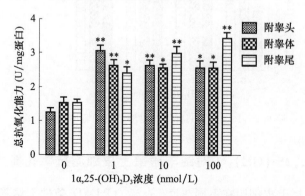

图 9.3 $1\alpha,25\text{-}(OH)_2D_3$ 对附睾上皮细胞总抗氧化能力的影响

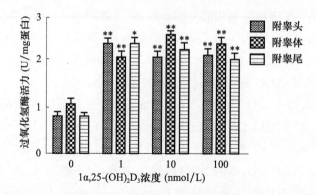

图 9.4 $1\alpha,25\text{-}(OH)_2D_3$ 对附睾上皮细胞过氧化氢酶活力的影响

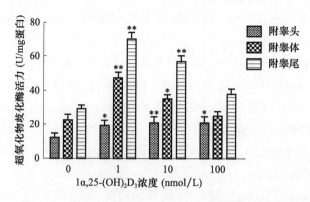

图 9.5 $1\alpha,25\text{-}(OH)_2D_3$ 对附睾上皮细胞超氧化物歧化酶活力的影响

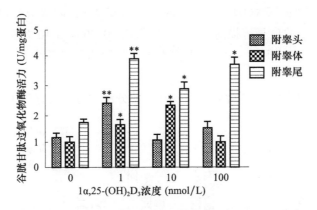

图 9.6　$1\alpha,25\text{-}(OH)_2D_3$ 对附睾上皮细胞谷胱甘肽过氧化物酶活力的影响

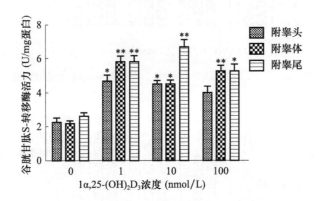

图 9.7　$1\alpha,25\text{-}(OH)_2D_3$ 对附睾上皮细胞谷胱甘肽 S-转移酶活力的影响

9.2.4　$1\alpha,25\text{-}(OH)_2D_3$ 对绵羊附睾上皮细胞分泌功能的影响

附睾头、体、尾上皮细胞在不同浓度 $1\alpha,25\text{-}(OH)_2D_3$ 条件下培养 24 h,测定上清液内唾液酸、$\alpha\text{-}1,4$ 糖苷酶、乳铁蛋白的浓度,以判断 $1\alpha,25\text{-}(OH)_2D_3$ 对附睾上皮细胞分泌功能的影响,结果如图 9.8～图 9.10 所示。

图 9.8 为 $1\alpha,25\text{-}(OH)_2D_3$ 对唾液酸分泌的影响,与不添加 $1\alpha,25\text{-}(OH)_2D_3$ 的对照组相比,当 $1\alpha,25\text{-}(OH)_2D_3$ 添加量为 1 nmol/L、10 nmol/L 时,附睾头与附睾体上皮细胞上清液内唾液酸浓度显著提高($P<0.01$ 或 $P<0.05$);当 $1\alpha,25\text{-}(OH)_2D_3$ 添加量为 10 nmol/L 时,附睾尾上皮细胞上清液内唾液酸浓度显著提高($P<0.01$)。

图 9.9 为 $1\alpha,25\text{-}(OH)_2D_3$ 对 $\alpha\text{-}1,4$ 糖苷酶分泌的影响,与不添加 $1\alpha,25\text{-}(OH)_2D_3$ 的对照组相比,当 $1\alpha,25\text{-}(OH)_2D_3$ 添加量为 1 nmol/L、10 nmol/L、100 nmol/L 时,附睾头、体、尾上皮细胞的上清液内 $\alpha\text{-}1,4$ 糖苷酶浓度均无显著提高($P>0.05$)。

图 9.10 为 $1\alpha,25\text{-}(OH)_2D_3$ 对乳铁蛋白分泌的影响,与不添加 $1\alpha,25\text{-}(OH)_2D_3$

的对照组相比,当 $1\alpha,25\text{-}(OH)_2D_3$ 添加量为 1 nmol/L 时,附睾头与附睾尾上皮细胞上清液内乳铁蛋白浓度显著提高($P<0.01$ 或 $P<0.05$);当 $1\alpha,25\text{-}(OH)_2D_3$ 添加量为 1 nmol/L、10 nmol/L 时,附睾体上皮细胞上清液内乳铁蛋白浓度显著提高($P<0.01$ 或 $P<0.05$)。

以上结果共同表明,VD 对附睾上皮细胞的分泌功能有促进作用。

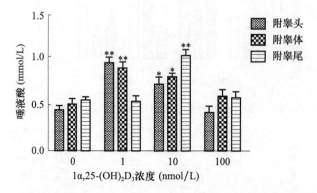

图 9.8　$1\alpha,25\text{-}(OH)_2D_3$ 对附睾上皮细胞唾液酸分泌的影响

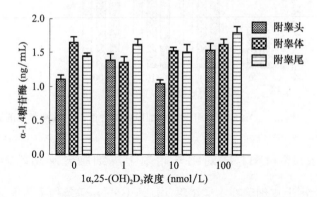

图 9.9　$1\alpha,25\text{-}(OH)_2D_3$ 对附睾上皮细胞 $\alpha\text{-}1,4$ 糖苷酶分泌的影响

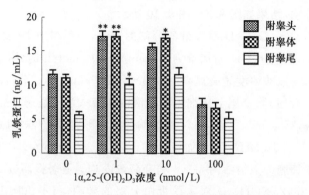

图 9.10　$1\alpha,25\text{-}(OH)_2D_3$ 对附睾上皮细胞乳铁蛋白分泌的影响

9.3 讨　论

附睾是精子成熟的场所,附睾通过附睾上皮细胞吸收并浓缩睾丸液,同时也通过上皮细胞分泌许多保护精子与促进精子成熟的因子[7,8]。第 3 章和第 4 章的研究发现,VD 代谢相关的蛋白及 VDR 在附睾上皮细胞内有表达,说明 VD 很有可能对附睾上皮细胞的生理活性有调节作用。因此,本研究从附睾上皮细胞入手,探究 $1\alpha,25\text{-}(OH)_2D_3$ 对附睾上皮细胞生理活性的作用。

本研究先探讨了 $1\alpha,25\text{-}(OH)_2D_3$ 是否会对体外培养的附睾上皮细胞活力产生影响,结果表明,不同浓度的 $1\alpha,25\text{-}(OH)_2D_3$ 均能提高上皮细胞活力。本章试验中检测细胞活力使用的是 CCK-8 试剂,CCK-8 试剂是一种四唑盐,能够被细胞线粒体中的脱氢酶还原为具有高度水溶性的黄色甲䐶产物,然后在 450 nm 波长下检测光吸收,细胞活力越强,则吸光度值越高,被广泛用于细胞活力检测[9-11]。线粒体是一种存在于细胞中的由两层膜包被的细胞器,是机体的能量站,是细胞进行有氧呼吸的主要场所。线粒体内的脱氢酶主要参与了细胞糖类代谢与能量转换[12]。因此可以认为,$1\alpha,25\text{-}(OH)_2D_3$ 是因为增强了细胞能量代谢水平,从而导致附睾细胞活力增强。

目前,许多试验表明,$1\alpha,25\text{-}(OH)_2D_3$ 对不同种类的体细胞有促进增殖的作用[13]。本研究也表明,$1\alpha,25\text{-}(OH)_2D_3$ 对附睾头、体、尾的上皮细胞都有促进增殖的作用。有意思的是,1 nmol/L 的 $1\alpha,25\text{-}(OH)_2D_3$ 对附睾头细胞的增殖有促进作用,但是在附睾体与附睾尾内,这种作用却消失了,在附睾体与附睾尾内需要更高浓度的 $1\alpha,25\text{-}(OH)_2D_3$(10 nmol/L)才能刺激附睾细胞的增殖。这可能是因为附睾的浓缩作用造成的,附睾从附睾头至附睾尾一直在吸收液体,导致附睾体与附睾尾内的物质浓度可能要比附睾头高。因此,附睾体与附睾尾的细胞可能对同一种物质的敏感性要低于附睾头,才会造成低浓度的 $1\alpha,25\text{-}(OH)_2D_3$ 能够促进附睾头细胞的增殖,却不能促进附睾体与附睾尾细胞的增殖。

p53 蛋白主要分布于细胞核,能与 DNA 特异结合,在 G_1 期检查 DNA 损伤点,监视基因组的完整性,如有损伤,p53 蛋白将阻止 DNA 复制,并进行 DNA 修复,如果修复失败,p53 蛋白则会引发细胞凋亡[14]。bcl-2 可阻止凋亡形成因子(如细胞色素 C 等)从线粒体释放出来,具有抗凋亡作用。bax 可与线粒体上的电压依赖性离子通道相互作用,介导细胞色素 C 的释放,具有凋亡作用。p53 通过上调 bax 的表达水平,下调 bcl-2 的表达水平,从而达到共同完成促进细胞凋亡的过程[15]。这三个基因在许多试验中都用来评估细胞的凋亡水平。试验通过在体外培养的附睾细胞中添加不同浓度的 $1\alpha,25\text{-}(OH)_2D_3$ 后,测定 $p53$、bax 和 $bcl\text{-}2$ 三个基因的 mRNA 表达量,来探讨 $1\alpha,25\text{-}(OH)_2D_3$ 对于附睾细胞凋亡的影响。本研究表明,$1\alpha,25\text{-}(OH)_2D_3$

对体外培养的附睾细胞三个凋亡相关基因的表达都无显著的影响,说明 VD 对附睾细胞凋亡没有显著作用。在针对其他细胞的研究中,VD 对细胞凋亡是有影响的,比如大肠癌细胞[5]、乳腺癌细胞[16]等。细胞类型的差异可能造成了本研究与其他研究结果的不一致。

精子在附睾转运的过程中,精子浓度逐步升高,其密度能够达到 1×10^{10} 个/mL。精子在附睾中储存、成熟的过程也是精子新陈代谢由低到高变化的过程。由于精子周围液体环境的变化,精子活力逐步上升,代谢逐步加强。新陈代谢的加快,使得细胞自由基产生随之增多,由此精子遭受到了氧化损伤的威胁[7]。所以对于附睾而言,其抗氧化能力强弱关系到精子的健康与否。已有研究表明,VD 对于一些组织器官的抗氧化能力有影响[17,18],但是 VD 对附睾上皮细胞抗氧化能力的影响尚未见报道,故本研究探究了 $1\alpha,25-(OH)_2D_3$ 对附睾上皮细胞抗氧化能力的影响。

机体的总抗氧化能力包括非酶促与酶促两个方面。非酶促包括一些具有抗氧化能力的物质,如维生素 E、胡萝卜素、维生素 C 等;酶促主要指具有抗氧化能力的酶。本章首先从总抗氧化能力入手,发现 VD 对附睾上皮细胞总抗氧化能力有提升作用。然后以此为基础,探寻 VD 对哪种抗氧化酶类产生了影响。

过氧化氢酶广泛存在,它的主要作用就是催化过氧化氢分解为水与氧分子[19]。过氧化氢酶是过氧化物酶体的标志酶,因此,测定过氧化氢酶活力对于判定细胞抗氧化能力的强弱也非常重要。本研究发现,$1\alpha,25-(OH)_2D_3$ 对附睾上皮细胞过氧化氢酶的活力有促进作用,说明 $1\alpha,25-(OH)_2D_3$ 能够促进附睾上皮细胞内过氧化氢的分解,提升附睾上皮细胞的抗氧化能力。这一点与 $1\alpha,25-(OH)_2D_3$ 能够提升附睾上皮细胞总抗氧化能力相对应。

超氧化物歧化酶是机体内清除自由基的首要物质,超氧化物歧化酶的主要功能是把有害的超氧阴离子自由基转化为过氧化氢,随后由过氧化氢酶和谷胱甘肽过氧化物酶将过氧化氢转变为水和氧分子[20,21]。本章研究发现,$1\alpha,25-(OH)_2D_3$ 对附睾上皮细胞超氧化物歧化酶的活力有促进作用,说明 $1\alpha,25-(OH)_2D_3$ 能够促进附睾上皮细胞内超氧阴离子自由基的分解,提升附睾上皮细胞的抗氧化能力。这一点与 $1\alpha,25-(OH)_2D_3$ 提升过氧化氢酶活力相呼应。

谷胱甘肽 S-转移酶与谷胱甘肽过氧化物酶是一对抗氧化酶,具有消除体内自由基与解毒双重功能。本章研究发现,$1\alpha,25-(OH)_2D_3$ 对附睾细胞谷胱甘肽过氧化物酶与谷胱甘肽 S-转移酶活力有促进作用。总之,通过本研究发现,$1\alpha,25-(OH)_2D_3$ 能够提升附睾上皮细胞的抗氧化能力。附睾上皮细胞抗氧化酶类活性的上升可能与 $1\alpha,25-(OH)_2D_3$ 提升了细胞的活力有关。细胞活力提升,细胞代谢加强,自由基产生增多,所以导致了细胞内抗氧化酶类活性的提升。

附睾是一种多功能的器官,它不仅能够吸收来自睾丸的液体,同时也可以分泌特殊的物质,为精子的发育与成熟提供保护与营养作用[7,8]。而附睾的分泌功能与附睾上皮细胞息息相关,因此本章还探讨了 VD 对附睾上皮细胞唾液酸、α-1,4 糖苷酶、乳铁蛋白等标志性分泌物分泌的影响。

唾液酸是广泛存在于生命系统中的一类糖蛋白,能够覆盖在细胞膜表面,对细胞起到保护与信息传递的作用[22,23]。唾液酸在附睾内也有大量分泌,在附睾内唾液酸的合成部位为附睾上皮细胞,唾液酸经合成后分泌进入附睾管腔中[24]。唾液酸在精子的成熟过程中发挥着重要的作用,它可以与精子表面上的一些糖基相结合,使得精子表面某些抗原被遮蔽,从而使得自身的免疫细胞不会识别精子,因此不会发生自身免疫性反应。由于唾液酸的特殊功能,如果附睾分泌唾液酸的功能产生障碍,便会导致不育,因此唾液酸是附睾的功能性指标之一[25]。精子发生自身免疫反应也是附睾炎的一种,这样会对精子质量造成严重影响,降低精液品质[26]。本研究结果表明,$1\alpha,25\text{-}(OH)_2D_3$能够促进唾液酸的分泌,说明 VD 能够降低精子发生自身免疫反应的概率,减少附睾炎的发生,提高精液的品质。

α-1,4 糖苷酶是附睾分泌的一种标志性酶,目前已经用于人类的临床诊断当中[27,28]。目前研究表明,α-1,4 糖苷酶能够促使多糖以及糖蛋白内的碳水化合物分子分解成为葡萄糖分子,从而为精子的运动以及代谢等提供能量。α-1,4 糖苷酶活性的高低可以对精子质量产生直接的影响[29,30]。本试验表明,$1\alpha,25\text{-}(OH)_2D_3$对体外培养的附睾头、体、尾细胞 α-1,4 糖苷酶分泌无显著影响。不过附睾分泌的糖苷酶与糖基转移酶种类繁多,比如甘露糖苷酶、β-半乳糖苷酶等,$1\alpha,25\text{-}(OH)_2D_3$也有可能会对其他的糖苷酶或糖基转移酶产生作用,从而对精子功能产生积极的影响。

乳铁蛋白是一种糖蛋白,与铁离子有高度亲和性,主要分布于外分泌液中[31]。近年的研究表明,乳铁蛋白不仅具有强大的抗菌活性,而且能够调控炎性区细胞因子的释放,活化免疫细胞,对非致病菌引起的炎性疾病以及肿瘤发展具有抑制作用[32,33]。对公马的研究表明,附睾分泌的蛋白当中,乳铁蛋白含量最为丰富,占到附睾总分泌蛋白的 41%,可见附睾分泌的乳铁蛋白的量相当可观。本章结果表明,$1\alpha,25\text{-}(OH)_2D_3$对体外培养的绵羊附睾头、体、尾细胞乳铁蛋白分泌有促进作用。乳铁蛋白主要是参与非特异性免疫,其具有抵抗细菌、病毒、肿瘤以及炎症的作用。对于附睾而言,乳铁蛋白能够将附睾管腔内的自由铁离子清除掉,并消除感染区域,从而降低附睾因为自由基与感染引起的损伤,减少附睾炎发生,提高精液品质。$1\alpha,25\text{-}(OH)_2D_3$对附睾乳铁蛋白的促分泌作用与对唾液酸的促分泌作用相辅相成,而乳铁蛋白与唾液酸都关系到精液质量。因此,我们推测$1\alpha,25\text{-}(OH)_2D_3$对精液质量可能有直接的改善作用。

综上所述,VD 能够提高附睾细胞活力,促进附睾细胞增殖,增强附睾细胞抗氧化能力,促进附睾细胞功能性指标因子的分泌,进而可能改善雄性绵羊的精液品质。

9.4 小　结

本章研究结果表明，VD 能够提高附睾上皮细胞活力，促进其增殖；通过提高 CAT、SOD、GSH-PX、GST 活力，提高总抗氧化能力。另外，VD 还能促进唾液酸和乳铁蛋白分泌。总而言之，VD 对附睾上皮细胞具有营养作用。

参考文献

[1] 黄洋. $1\alpha,25\text{-}(OH)_2D_3$ 对绵羊睾丸细胞的影响[D]. 晋中：山西农业大学，2015.

[2] 李琳，周利华，任冬仁，等. 附睾功能及其对精子成熟的影响[J]. 中国畜牧兽医，2007，34(1)：79-82.

[3] YUAN Y F, DAS S K, LI M Q. Vitamin D ameliorates impaired wound healing in streptozoto-cin-induced diabetic mice by suppressing endoplasmic reticulum stress[J]. Journal of Diabetes Research, 2018, 3：1-10.

[4] NAZZAL A, TIPTON D A, KARYDIS A, et al. Vitamin D stimulates epithelial cell proliferation and facilitates wound closure via a cathelicidin independent pathway in vitro[J]. Periodontics and Prosthodontics, 2016, 2(4)：1-8.

[5] SUHAIL R, TAYYABA A, ALMAJWAL A, et al. Growth inhibition and apoptosis in color-ectal cancer cells induced by Vitamin D-Nanoemulsion (NVD)：involvement of Wnt/β-catenin and other signal transduction pathways[J]. Cell and Bioscience, 2019, 9(1)：9-15.

[6] TOHARI A M, ZHOU X, SHU X. Protection against oxidative stress by vitamin D in cone cells[J]. Cell Biochemistry and Fuction, 2016, 34(2)：82-94.

[7] JONES R. Plasma membrane composition and organization during maturation of spermatozoa in the epididymis[J]. The Epididymis：From Molecules to Clinical Practice, 2002, 2：405-416.

[8] 王文亭，李建远. 附睾分泌且与精子成熟、运动相关蛋白研究现状[J]. 中外医学研究，2011，9(12)：118-119.

[9] LI J M, ZHOU J, XU Z, et al. MicroRNA-27a-3p inhibits cell viability and migration through down-regulating DUSP16 in hepatocellular carcinoma：MicroRNA-27a-3p and hepatocellular carcinoma[J]. Journal of Cellular Biochemistry, 2018, 119(7)：5143-5152.

[10] QI W W, NIU J Y, QIN Q J, et al. Astragaloside IV attenuates glycated albumin-induced epithelial to mesenchymal transition by inhibiting oxidative stress in renal proximal tubular cells [J]. Cell Stress and Chaperones, 2014, 19：105-114.

[11] WU Y Q, ZHANG P, YANG H Y, et al. Effects of demethoxycurcumin on the viability and apoptosis of skin cancer cells[J]. Molecular Medicine Reports, 2017, 16(1)：539-546.

[12] 邹思湘. 动物生物化学[M]. 北京：中国农业出版社，2005：146-154.

[13] SAMUEL S, SITRIN M D. Vitamin D's role in cell proliferation and differentiation[J]. Nutrition Reviews, 2008, 66(10)：116-124.

［14］FORRESTER K，AMBS S，LUPOLD S E，et al．Nitric oxide-induced p53 accumulation and regulation of inducible nitric oxide synthase expression by wild-type p53［J］．Proceedings of the National Academy of Sciences of the United States of America，1996，93：2442-2447．

［15］SCHULTZ D R，HARRINGTON W J．Apoptosis：programmed cell death at a molecular level［J］．Seminars in Arthritis and Rheumatism，2003，32：345-369．

［16］YANG J，ZHU S，LIN G，et al．Vitamin D enhances omega-3 polyunsaturated fatty acidsinduced apoptosis in breast cancer cells［J］．Cell Biology International，2017，41(8)：890-897．

［17］UMIT E，IKBAL A H，MEHMET Y，et al．Antioxidant effects of vitamin D on lacrimal glands against high dose radioiodine-associated damage in an animal model［J］．Cutaneous and Ocular Toxicology，2019，38(1)：18-24．

［18］CHOI M J，JUNG Y J．Effects of taurine and vitamin D on antioxidant enzyme activity and lipids profiles in rats fed diet deficient calcium［J］．Advances in Experimental Medicine and Biology，2017，2：1081-1092．

［19］刘冰，梁婵娟．生物过氧化氢酶研究进展［J］．中国农学通报，2005，21(5)：223-224．

［20］LYNCH S M，COLON W．Dominant role of copper in the kinetic stability of Cu superoxide dismutase［J］．Biochemical and Biophysical Research Communications，2006，340：457-461．

［21］徐俊杰，吕士杰，魏景艳．含硒抗体模拟谷胱甘肽过氧化物酶的研究进展［J］．吉林医药学院学报，2010，4：42-44．

［22］沈清清，田洪，陈红惠，等．唾液酸与唾液酸识别蛋白研究进展［J］．文山学院学报，2013，26(6)：20-23．

［23］MUNKSGAARD P S，SKALS M，REINHOLDT J，et al．Sialic acid residues are essential for cell lysis mediated by leukotoxin from aggregatibacter actinomycetemcomitans［J］．Infection and Immunity，2014，82(6)：2219-2228．

［24］KIERSZENBANM L，LEA O，PETRUSZ P，et al．Isolation，culture，and immunocytochemical charaeterization of epididymis cells from pubertal and adult rats［J］．Proceedings of the National Academy of Sciences of the United States of America，1981，78(3)：1675-1679．

［25］刘芙君，李建远，王海燕．附睾分泌蛋白与精子成熟的研究进展［J］．国际病理科学与临床杂志，2006，26(5)：457-460．

［26］张永莲．附睾功能基因组研究进展［J］．中国科学院院刊，2002，3：34-36．

［27］PENA P，RISOPATRON J，Villegas J，et al．Alpha-glycosidase in human epididymis topgmphic distribution and clinical application［J］．Andrologia，2004，36(5)：429-430．

［28］YEUNG C H，COOPER T G，SENGE T．Histochemical localization and quantification of α-glycosidase in the epididymis of men and laboratory animals［J］．Biology of Reproduction，2003，42：669-674．

［29］马晓萍，高晓勤，杨燕平，等．不育患者精浆中性 α-1,4 糖苷酶活性与精液参数及精子透明质酸酶活性的关系［J］．检验医学，2014，1：32-36．

［30］JAUHIAINEN A，VANHA P T．Acid and neutral Alpha-glycosidase in the reproduction organs and seminal plasma of the bull［J］．Reproduction Fertility and Development，2005，74

(2)：669-680.

[31] LI J B, ZHU W Z, LUO M R, et al. Molecular cloning, expression and purification of lactoferrin from Tibetan sheep mammary gland using a yeast expression system[J]. Protein Expression and Purification, 2015, 109：35-39.

[32] VALENTI P, BERLUTTI F, CONTE M P, et al. Lactoferrin functions：current status and perspectives[J]. Journal of Clinical Gastroenterology, 2004, 38：127.

[33] SKELTE G, ANEMA C G. Complex coacervates of lactotransferrin and blactoglobulin[J]. Journal of Colloid and Interface Science, 2014, 430：214-220.

第 10 章　VD 对体外培养的绵羊卵巢细胞营养作用研究

VD 作为一种类固醇维生素,在机体代谢过程中发挥着广泛作用。目前,许多相关研究表明,VD 与雌性动物生殖功能息息相关。在一项针对大鼠的研究中发现,与缺乏 VD 的对照组相比,在日粮中加入充足的 VD 可以增加大鼠的怀孕比例,提高窝产仔数[1]。另一项针对小鼠的研究表明,当对雌鼠饲喂 VD 缺乏的饮食过后,雌鼠的生育指数及胎儿的存活数都会降低[2]。在需要通过体外受精来辅助生殖的女性患者研究中发现,对患者注射促性腺激素后,血清内雌二醇水平的提高与血清内 $1\alpha,25$-$(OH)_2D_3$ 显著相关[3]。并且,卵泡液内 25-OHD$_3$ 水平低于 50 nmol/L 的患者,其妊娠的成功率以及胚胎的着床率都会显著低于卵泡液中 25-OHD$_3$ 水平为 $50\sim$ 75 nmol/L的患者[4,5]。

虽然 VD 对雌性啮齿动物和人类生殖的影响已有报道,但是 VD 对雌性绵羊生殖的影响鲜有报道。雌性动物与生殖有关的主要器官是卵巢,卵巢主要负责产生生殖激素与卵子。第 3 章与第 4 章的研究已经表明,绵羊卵巢上存在 VD 代谢相关的酶类和 VDR 蛋白,且这五种蛋白表达的部位一致(卵泡颗粒细胞上大量存在,卵泡膜细胞上少量存在),说明 VD 很可能对绵羊卵巢细胞发挥功能具有一定作用。因此,本章将利用体外细胞培养技术,培养绵羊卵泡膜细胞与卵泡颗粒细胞,并在培养液内加入不同浓度的 $1\alpha,25$-$(OH)_2D_3$,以探究 VD 是否对卵巢细胞有营养作用。

10.1　材料与方法

10.1.1　试验材料

10.1.1.1　主要仪器
全波长酶标仪(型号:Epoch)、CO_2 培养箱(型号:Forma310)。

10.1.1.2　主要试剂
绵羊睾酮 ELISA 试剂盒、绵羊雌二醇 ELISA 试剂盒、DMEM/F12 基础培养液、CCK-8 试剂盒、青链霉素混合液、胎牛血清(FBS)、$1\alpha,25$-$(OH)_2D_3$。

10.1.2　试验方法

10.1.2.1　样品采集

选取杜泊绵羊与小尾寒羊杂交后代母羊。屠宰时间为冬季,母羊经屠宰后,立即摘取其卵巢,放入 4 ℃的无菌 PBS 缓冲液内,1 h 左右带回实验室。

10.1.2.2　卵泡颗粒细胞的收集

将带回实验室的卵巢用无菌 PBS 缓冲液冲洗干净,在超净台内迅速用无菌眼科剪将大于 3 mm 的卵泡剪下。在培养皿内倒入少许无菌 PBS 缓冲液,将剪下的卵泡放入其中。用眼科剪将卵泡剪开,并用刮刀轻轻刮取卵泡内壁上的颗粒细胞,颗粒细胞便从卵泡内壁释放入培养皿内。通过离心的方法将颗粒细胞洗 3 次,离心条件为 1200 r/min,离心时间 5 min。将收集到的卵泡颗粒细胞用台盼蓝溶液进行染色鉴定,被染成蓝色的为死细胞,未着色的为活细胞。

10.1.2.3　卵泡膜细胞的收集

将刮取完颗粒细胞的卵泡置于实体显微镜下,用尖头小镊子将卵泡内壁的膜撕下。用眼科剪将膜剪碎,然后用 0.25% 胰蛋白酶溶液 37 ℃消化 30 min,消化过程中不时摇晃,使其消化充分。将消化后的物质经 200 目细胞筛过滤,离心收集细胞,离心条件为 1200 r/min,离心时间 5 min。将收集到的卵泡膜细胞用台盼蓝溶液进行染色鉴定,被染成蓝色的为死细胞,未着色的为活细胞。

10.1.2.4　细胞培养

卵泡颗粒细胞与卵泡膜细胞培养条件为 37 ℃、5% CO_2 浓度、饱和湿度。培养液为含有 10% FBS、100 IU/mL 青霉素、0.1 mg/mL 链霉素的 DMEM/F12 培养液。

10.1.2.5　细胞活力与糖代谢测定

将卵泡颗粒细胞与膜细胞接种入 96 孔细胞培养板内,每孔 1×10^4 个活细胞,不同浓度 $1\alpha,25\text{-}(OH)_2D_3$(0 nmol/L、1 nmol/L、10 nmol/L、100 nmol/L)进行刺激,试验重复 4 次。

细胞活力测定:颗粒细胞与膜细胞在培养 24 h 后,每孔加入 10 μL 的 CCK-8 溶液,继续培养 3 h。3 h 后将 96 孔培养板放入酶标仪内,450 nm 波长下检测每孔吸光度值,吸光度值越高,细胞活力越高。

糖代谢测定:培养 24 h 后,吸取上清液,用试剂盒测定上清液内葡萄糖含量及乳酸含量。

10.1.2.6　抗氧化性检测

将卵泡颗粒细胞与膜细胞分别接种入 6 孔细胞培养板内,每孔 5×10^5 个活细胞,用不同浓度 $1\alpha,25\text{-}(OH)_2D_3$(0 nmol/L、1 nmol/L、10 nmol/L、100 nmol/L)进行刺激,试验重复 4 次。细胞培养 7 d,每 48 h 换液一次。培养结束后,收集细胞,用超声波破碎细胞,然后用试剂盒测定 T-AOC、CAT 活力、SOD 活力、GSH-PX 活力、

GST 活力,以评估细胞的抗氧化性。具体测定方法同第 5 章。

10.1.2.7 激素测定与细胞计数

将卵泡颗粒细胞与膜细胞接种入 96 孔细胞培养板内,每孔 1×10^4 个活细胞,用不同浓度 $1\alpha,25\text{-}(OH)_2D_3$($0$ nmol/L、1 nmol/L、10 nmol/L、100 nmol/L)进行刺激,试验重复 4 次。细胞培养 7 d,每 48 h 换液一次。培养结束后,吸取细胞上清液,用绵羊雌二醇 ELISA 试剂盒测定卵泡颗粒细胞上清液内的雌二醇浓度,用绵羊睾酮 ELISA 试剂盒测定卵泡膜细胞上清液内睾酮浓度。同时用 0.25% 胰蛋白酶溶液消化并收集各孔细胞,收集后用血细胞计数板对各孔细胞进行计数。

10.1.2.8 数据处理及统计分析

数据应用 SPSS 软件进行分析,数据以平均数±标准误表示。使用单因素方差分析,多重比较采用 Tukey 法。

10.2 结　果

10.2.1 $1\alpha,25\text{-}(OH)_2D_3$ 对绵羊卵泡颗粒细胞及膜细胞活力的影响

颗粒细胞及膜细胞在不同浓度 $1\alpha,25\text{-}(OH)_2D_3$ 条件下培养 24 h 后,用 CCK-8 试剂检测细胞活力,结果如图 10.1 所示。图 10.1a 表示,与不添加 $1\alpha,25\text{-}(OH)_2D_3$ 的对照组相比,1 nmol/L、10 nmol/L、100 nmol/L 的 $1\alpha,25\text{-}(OH)_2D_3$ 均能使得颗粒细胞活力显著提高($P < 0.01$)。图 10.1b 表示,与不添加 $1\alpha,25\text{-}(OH)_2D_3$ 的对照组相比,1 nmol/L、10 nmol/L、100 nmol/L 的 $1\alpha,25\text{-}(OH)_2D_3$ 均能使得膜细胞活力显著提高($P < 0.05$ 或 $P < 0.01$)。以上结果表明,VD 能提高颗粒细胞与膜细胞活力。

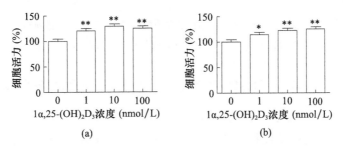

图 10.1　$1\alpha,25\text{-}(OH)_2D_3$ 对绵羊卵泡颗粒细胞(a)及膜细胞(b)活力的影响

10.2.2 $1\alpha,25\text{-}(OH)_2D_3$ 对绵羊卵泡颗粒细胞及膜细胞糖代谢的影响

颗粒细胞与膜细胞在不同浓度 $1\alpha,25\text{-}(OH)_2D_3$ 条件下培养 24 h 后,测定上清液内葡萄糖与乳糖浓度,结果如图 10.2 所示。图 10.2a 表示,与不添加 $1\alpha,25\text{-}(OH)_2D_3$ 的对照

组相比,10 nmol/L、100 nmol/L 的 $1\alpha,25\text{-}(OH)_2D_3$ 均能使颗粒细胞培养液内葡萄糖浓度显著降低($P<0.05$ 或 $P<0.01$)。图 10.2b 表示,与不添加 $1\alpha,25\text{-}(OH)_2D_3$ 的对照组相比,10 nmol/L、100 nmol/L 的 $1\alpha,25\text{-}(OH)_2D_3$ 均能使膜细胞培养液内葡萄糖浓度显著降低($P<0.01$)。图 10.2c 表示,与不添加 $1\alpha,25\text{-}(OH)_2D_3$ 的对照组相比,10 nmol/L、100 nmol/L 的 $1\alpha,25\text{-}(OH)_2D_3$ 均能使颗粒细胞培养液内乳酸浓度显著升高($P<0.01$)。图 10.2d 表示,与不添加 $1\alpha,25\text{-}(OH)_2D_3$ 的对照组相比,10 nmol/L、100 nmol/L 的 $1\alpha,25\text{-}(OH)_2D_3$ 均能使膜细胞培养液内乳酸浓度显著升高($P<0.05$)。以上结果表明,VD 能提高颗粒细胞与膜细胞糖代谢水平。

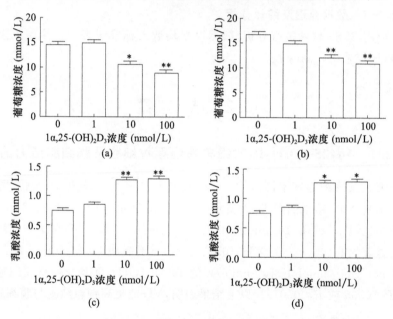

图 10.2　$1\alpha,25\text{-}(OH)_2D_3$ 对绵羊卵泡颗粒细胞(a 和 c)及膜细胞(b 和 d)
上清液内葡萄糖浓度(a 和 b)及乳酸浓度(c 和 d)的影响

10.2.3　$1\alpha,25\text{-}(OH)_2D_3$ 对绵羊卵泡颗粒细胞及膜细胞增殖的影响

颗粒细胞与膜细胞在不同浓度 $1\alpha,25\text{-}(OH)_2D_3$ 条件下培养 7 d 后,用血细胞计数板对细胞进行计数,从而探究 $1\alpha,25\text{-}(OH)_2D_3$ 对颗粒细胞及膜细胞增殖的影响,结果如图 10.3 所示。图 10.3a 表示,当培养液内 $1\alpha,25\text{-}(OH)_2D_3$ 的浓度为 10 nmol/L、100 nmol/L 时,颗粒细胞增殖显著($P<0.05$ 或 $P<0.01$)。图 10.3b 表示,当培养液内 $1\alpha,25\text{-}(OH)_2D_3$ 的浓度为 10 nmol/L、100 nmol/L 时,膜细胞增殖显著($P<0.05$ 或 $P<0.01$)。以上结果表明,VD 对颗粒细胞及膜细胞增殖有促进作用。

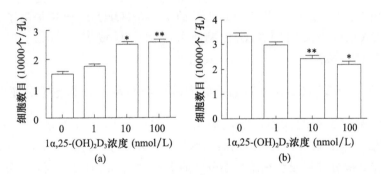

图 10.3　$1\alpha,25\text{-}(OH)_2D_3$ 对绵羊卵泡颗粒细胞(a)及膜细胞(b)增殖的影响

10.2.4　$1\alpha,25\text{-}(OH)_2D_3$ 对绵羊卵泡颗粒细胞及膜细胞抗氧化能力的影响

VD 对颗粒细胞和膜细胞抗氧化能力的影响如图 10.4 所示。图 10.4a 表明,与不添加 $1\alpha,25\text{-}(OH)_2D_3$ 的对照组相比,1 nmol/L、10 nmol/L、100 nmol/L 的 $1\alpha,25\text{-}(OH)_2D_3$ 均能显著提高颗粒细胞总抗氧化能力($P<0.05$ 或 $P<0.01$)。图 10.4b 表明,与不添加 $1\alpha,25\text{-}(OH)_2D_3$ 的对照组相比,1 nmol/L、10 nmol/L、100 nmol/L 的 $1\alpha,25\text{-}(OH)_2D_3$ 均能显著提高膜细胞总抗氧化能力($P<0.05$ 或 $P<0.01$)。

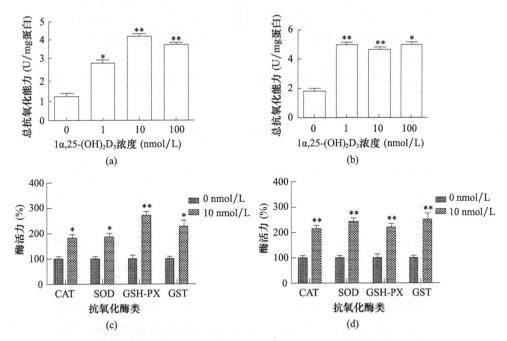

图 10.4　$1\alpha,25\text{-}(OH)_2D_3$ 对绵羊卵泡颗粒细胞(a 和 c)及膜细胞(b 和 d)
总抗氧化能力(a 和 b)及抗氧化酶活力(c 和 d)的影响

图 10.4c和图 10.4d 分别表明,10 nmol/L 的 $1\alpha,25\text{-}(OH)_2D_3$ 分别提高了颗粒细胞与膜细胞 CAT,SOD、GSH-PX、GST 酶活力($P<0.05$ 或 $P<0.01$)。以上结果表明,VD 能够提高颗粒细胞和膜细胞抗氧化水平。

10.2.5　$1\alpha,25\text{-}(OH)_2D_3$ 对绵羊卵泡颗粒细胞及膜细胞激素分泌的影响

颗粒细胞与膜细胞在不同浓度的 $1\alpha,25\text{-}(OH)_2D_3$ 条件下培养 7 d 后,使用 ELISA 方法检测细胞培养上清液内雌二醇与睾酮浓度,从而探究 $1\alpha,25\text{-}(OH)_2D_3$ 对颗粒细胞雌二醇分泌以及膜细胞睾酮分泌的影响,结果如图 10.5 所示。图 10.5a 表示,各个浓度的 $1\alpha,25\text{-}(OH)_2D_3$ 对颗粒细胞雌二醇分泌无显著影响($P>0.05$)。图 10.5b 表示,各个浓度的 $1\alpha,25\text{-}(OH)_2D_3$ 对膜细胞睾酮分泌无显著影响($P>0.05$)。以上结果表明,VD 对颗粒细胞及膜细胞激素分泌无显著作用。

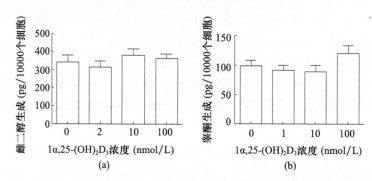

图 10.5　$1\alpha,25\text{-}(OH)_2D_3$ 对绵羊卵泡颗粒细胞雌二醇(a)及膜细胞睾酮(b)的影响

10.3　讨　　论

VD 与雌性动物或女性生殖间的关系越来越受到重视,近年来,Muscogiuri 等[6]、Voulgaris 等[7]与 Arslan 等[8]已针对这个问题,从不同方面进行了综述。卵巢是雌性动物重要的生殖器官,雌性动物维持第二性征的雌激素是由卵巢卵泡颗粒细胞产生的,同时卵巢也负责产生卵子。卵巢上的卵泡颗粒细胞与卵泡膜细胞对卵巢功能的发挥起着重要的作用。因此,本章针对 VD 对这两种细胞各种生理指标的影响进行研究。

在判断一种物质对细胞是否会产生作用时,我们认为首要的是判断这种物质是否会影响细胞的活力。因此,本研究使用 CCK-8 试剂检测细胞的活力。CCK-8 试剂被广泛用于细胞活力检测[9-11]。CCK-8 试剂可以被线粒体内的脱氢酶还原成高度可溶性的橙黄色的化合物。在细胞数目一定的情况下,橙黄色颜色越深(450 nm 处光吸收越强),证明细胞活力越强。本研究表明,在卵泡颗粒细胞与膜细胞的培养液内

加入 $1\alpha,25$-$(OH)_2D_3$ 后,$1\alpha,25$-$(OH)_2D_3$ 能够增强卵泡颗粒细胞和卵泡膜细胞的活力。另外,糖代谢水平也关系到了细胞的活力。对于体外培养的细胞而言,细胞会吸收葡萄糖,产生乳酸。如果细胞活力强,代谢旺盛,那么吸收的葡萄糖会增多,产生的乳酸也会增多,这会导致培养液内葡萄糖浓度降低,乳酸浓度升高。因此,本研究探究了两种细胞培养液内葡萄糖与乳酸浓度的变化。研究表明,卵泡颗粒细胞与膜细胞的培养液内加入 $1\alpha,25$-$(OH)_2D_3$ 后,葡萄糖浓度降低,乳酸浓度升高,说明这两种细胞的代谢活力增强了。这一点与使用 CCK-8 试剂进行检测的结果相呼应。这两个结果共同表明,$1\alpha,25$-$(OH)_2D_3$ 会使得卵泡颗粒细胞与膜细胞活力增强。

在每一个发情周期内都有一批原始卵泡开始成长发育,这一波一波的卵泡发育被形象地称之为卵泡波。由于各个方面的调控,最后会有一个或几个卵泡成长至合适大小,然后破裂释放出卵子[12]。由于破裂的卵泡数目不同,导致了不同品种绵羊产羔数上的差异。在卵泡发育的整个过程中,卵泡的生长至关重要,只有卵泡生长至合适的大小才能排卵。卵泡主要由内侧的卵泡颗粒细胞与外侧的卵泡膜细胞组成。卵泡之所以能够生长,是因为卵泡膜细胞与卵泡颗粒细胞的增殖造成的。而卵泡颗粒细胞与卵泡膜细胞的增殖受到许多因素的调控[13-15]。本研究表明,$1\alpha,25$-$(OH)_2D_3$ 能够引起卵泡颗粒细胞与膜细胞的增殖,这说明卵泡的生长可能会受到 VD 的调控。Johnson 等[16] 发现,VDR 基因敲除的雌性小鼠卵泡的形成会减少,进而窝产仔数也减少。这项研究结果从侧面证明了 VD 对卵泡发育的重要性,且与本研究结果相呼应。VDR 基因敲除后 VD 可能无法作用于卵泡颗粒细胞与膜细胞,无法促进其增殖,所以卵泡的形成会减少。

在卵泡中,卵母细胞周围包裹着颗粒细胞与膜细胞,这些细胞对卵母细胞起着保护性的作用。因此,我们认为颗粒细胞与膜细胞的生理状况决定了卵母细胞的质量。细胞的抗氧化能力也是评定细胞生理状况的一项指标,抗氧化能力强,表明细胞对于逆境的适应能力更强。已有研究证明,VD 能够加强一些组织器官的抗氧化能力[17,18]。但是 VD 对卵泡颗粒细胞和膜细胞抗氧化能力的影响并不清楚。本研究表明,VD 能够提高这两种细胞的总抗氧化能力,并能提升 CAT、SOD、GSH-PX、GST 的活力。这说明 VD 对卵泡颗粒细胞和膜细胞抗氧化能力有提升作用。当然,这种提升作用可能是因为 VD 提高了这两种细胞的代谢活力,同时产生了更多的自由基,所以抗氧化能力也会相应地增强。

卵泡颗粒细胞与膜细胞除了保护卵子以外,还有一项重要功能,那便是分泌性激素。卵泡颗粒细胞在卵泡发育的过程中,其分泌的激素主要是雌激素,而雌二醇是其分泌的主要雌激素。雌激素具有多种生理功能,能够维持雌性动物的第二性征,也能够促进雌性动物发情等一系列生理活动。卵泡颗粒细胞要合成雌激素,必须有一种前体物质,那就是雄激素。雄激素进入卵泡颗粒细胞后,FSH 刺激卵泡颗粒细胞内芳香化酶的活性,芳香化酶将雄激素转化成为雌二醇[19]。卵泡颗粒细胞雄激素的来源就是颗粒细胞外侧的卵泡膜细胞。卵泡膜细胞会产生雄激素,其产生的雄激素主要成分是睾酮,睾酮会通过旁分泌的形式进入卵泡颗粒细胞。如果一种物质能够同时促进卵泡膜细胞睾酮的分泌和卵泡颗粒细胞雌二醇的分泌,那么对于雌性动物来说这种物质将具有重大的意义。目前,有研究表明,VD 能够提高卵泡颗粒细胞内钙离子的浓度,能够刺激芳香化酶的活性,从而刺激颗粒细胞雌激素的产生[3,20-22]。不过很遗憾的是,我们并没有发现 $1\alpha,25-(OH)_2D_3$ 对绵羊卵泡颗粒细胞雌二醇的分泌有影响,也没有发现其对卵泡膜细胞睾酮的分泌有影响。不过,卵泡颗粒细胞与卵泡膜细胞还分泌其他激素或因子,VD 也可能会对其他激素的分泌产生一定影响。

10.4 小　结

综上所述,$1\alpha,25-(OH)_2D_3$ 能够提高卵泡颗粒细胞与卵泡膜细胞的活力,并刺激这两种细胞的增殖以及提高它们的抗氧化能力,这说明 VD 对绵羊卵泡颗粒细胞与膜细胞具有营养作用。另外,虽然 $1\alpha,25-(OH)_2D_3$ 对卵泡颗粒细胞雌二醇分泌以及对卵泡膜细胞睾酮分泌无显著影响,但是 $1\alpha,25-(OH)_2D_3$ 对卵泡颗粒细胞和卵泡膜细胞其他激素分泌的影响还有必要进行进一步的研究。

参考文献

[1] UHLAND A M, KWIECINSKI G G, DELUCA H F. Normalization of serum calcium restores fertility in vitamin D deficient male rats[J]. Journal of Nutrition, 1992, 122: 1338-1344.

[2] FU L, CHEN Y H, XU S, et al. Vitamin D deficiency impairs testicular development and sperma-togenesis in mice[J]. Reproductive Toxicology, 2017, 73(10): 241-249.

[3] POTASHNIK G, LUNENFELD E, LEVITAS E, et al. The relationship between endogenous oestradiol and vitamin D_3 metabolites in serum and follicular fluid during ovarian stimulation for in vitro fertilization and embryo transfer[J]. Human Reproduction, 1992, 7(10): 1357-1360.

[4] ANIFANDIS G M, DAFOPOULOS K, MESSINI C I, et al. Prognostic value of follicular fluid 25-OH vitamin D and glucose levels in the IVF outcome[J]. Reproductive Biology and Endocrinology, 2010, 8: 91.

[5] ALEYASIN A, HOSSEINI M A, MAHDAVI A, et al. Predictive value of the level of vitamin D in follicular fluid on the outcome of assisted reproductive technology[J]. The European Journal of Obstetrics and Gynecology and Reproductive Biology, 2011, 159(1): 132-137.

[6] MUSCOGIURI G, ALTIERI B, ANGELIS C, et al. Shedding new light on female fertility: the role of vitamin D[J]. Reviews in Endocrine and Metabolic Disorders, 2017, 18(3): 273-283.

[7] VOULGARIS N, PAPANASTASIOU L, PIADITIS G, et al. Vitamin D and aspects of female fertility[J]. Hormones, 2017, 16(1): 5-21.

[8] ARSLAN S, AKDEVELIOĞLU Y. The relationship between female reproductive functions and vitamin D[J]. Journal of the American College of Nutrition, 2018, 37(6): 546-551.

[9] LI J M, ZHOU J, XU Z, et al. MicroRNA-27a-3p inhibits cell viability and migration through down-regulating DUSP16 in hepatocellular carcinoma: MicroRNA-27a-3p and hepatocellular carcinoma[J]. Journal of Cellular Biochemistry, 2018, 119(7): 5143-5152.

[10] QI W W, NIU J Y, QIN Q J, et al. Astragaloside IV attenuates glycated albumin-induced epithelial to mesenchymal transition by inhibiting oxidative stress in renal proximal tubular cells [J]. Cell Stress and Chaperones, 2014, 19: 105-114.

[11] WU Y Q, ZHANG P, YANG H Y, et al. Effects of demethoxycurcumin on the viability and apoptosis of skin cancer cells[J]. Molecular Medicine Reports, 2017, 16(1): 539-546.

[12] SAVIO J D, KEENAN L, BOLAND M P, et al. Pattern of growth of dominant follicles during the oestrous cycle of heifers[J]. Journal of Reproduction and Infertility, 1988, 83: 663-671.

[13] 吴海明. TNF-α 对卵泡内膜细胞睾酮分泌及细胞增殖的影响[J]. 吉林医学, 2015, 36(4): 605-606.

[14] DIAZ F J, WIGGLESWORTH K, EPPIG J J. Oocytes are required for the preantral granulosa cell to cumulus cell transition in mice[J]. Developmental Biology, 2007, 305: 300-311.

[15] CAMPBELL B K. Induction and maintenance of oestradiol and immunoreactive inhibin production with FSH by ovine granulosa cells cultured in serum free media [J]. Biology of Reproduction, 1996, 106: 7-16.

[16] JOHNSON L E, DELUCA H F. Vitamin D receptor null mutant mice fed high levels of calcium are fertile [J]. Journal of Nutrition, 2001, 31: 1787-1791.

[17] UMIT E, IKBAL A H, MEHMET Y, et al. Antioxidant effects of vitamin D on lacrimal glands against high dose radioiodine-associated damage in an animal model[J]. Cutaneous and Ocular Toxicology, 2019, 38(1): 18-24.

[18] CHOI M J, JUNG Y J. Effects of taurine and vitamin D on antioxidant enzyme activity and lipids profiles in rats fed diet deficient calcium[J]. Advances in Experimental Medicine and Biology, 2017, 2: 1081-1092.

[19] 李鹏飞, 孟金柱, 郝庆玲. 胰岛素和 FSH 对体外培养猪卵泡颗粒细胞雌激素的影响[J]. 畜牧兽医学报, 2017, 11: 2084-2090.

[20] KRISHNAN A V, SWAMI S, PENG L, et al. Tissue selective regulation of aromatase expression by calcitriol: implications for breast cancer therapy[J]. Endocrinology, 2010, 151: 32-42.

[21] LUNDQVIST J, NORLIN M, WIKVALL K, et al. Dihydroxyvitamin D exerts tissue-specific effects on estrogen and androgen metabolism[J]. Biochimica et Biophysica Acta, 2011, 1811: 263-270.

[22] HOCHBERG Z, BOROCHOWITZ Z, BENDERLI A, et al. Does 1,25-dihydroxyvitamin D participate in the regulation of hormone release from endocrine glands[J]. Jornal of Clinical Endocrinology and Metabolism, 1985, 60: 57-61.

第 11 章 VD 代谢相关酶与 VDR 在精子上的表达及 VD 对精子的作用

精子作为雄性动物的生殖细胞,其质量好坏对绵羊的繁殖有重要影响。Jensen 等[1]、Corbett 等[2] 与 Aquila 等[3] 都发现,在人类精子中有 VDR 存在,并且 Jensen 等[1] 还发现 VD 代谢相关酶也存在于人精子内,不过 VD 代谢相关的四种酶并不是同时存在的,这说明 VD 可能会对精子有一定作用。一些针对 VD 和精子的相关性研究表明,饲料中添加 VD 会使美洲虎[4]、猪[5] 和小鼠[6] 的精子活率提高。

本书第 3 章和第 4 章通过 PCR 和免疫组化技术,证明 VD 代谢相关的四种酶和 VDR 均存在于睾丸组织和附睾的头、体、尾组织中。在免疫组化组织切片的观察中,VD 代谢相关酶和 VDR 在睾丸与附睾的精子中有不同程度的表达。因此,本章将会采集绵羊精液,利用免疫细胞化学技术,验证 VD 代谢相关的四种酶与 VDR 是否存在于绵羊精子内,并让精子暴露于有 VD 存在的环境中,从多个方面评估 VD 对精液内精子的作用,以期为 VD 和绵羊精液的相关研究提供一定的参考。

11.1 材料与方法

11.1.1 试验材料

11.1.1.1 主要仪器

生物组织烤片机(型号:YD-B)、CO_2 培养箱(型号:BB-15)、荧光显微镜(型号:PX53)、恒温水浴锅(型号:HH-1)。

11.1.1.2 主要试剂

果糖、Tris、柠檬酸、KCl、HEPES、丙酮酸钠、NaCl、KH_2PO_4、$MgSO_4 \cdot 7H_2O$、$CaCl_2$、酚红、青链霉素混合液、4% 多聚甲醛、SABC 免疫组化染色试剂盒、DAB 显色试剂盒、兔抗鼠 VDR 蛋白一抗抗体(VDR（K45）pAb)、兔抗鼠 CYP2R1 蛋白一抗抗体、兔抗鼠 CYP27A1 蛋白一抗抗体、兔抗鼠 CYP27B1 蛋白一抗抗体、兔抗鼠 CYP24A1 蛋白一抗抗体。

11.1.1.3 主要溶液配制方法

(1)精液基础稀释液

称取 12.8 g 果糖,35.3 g Tris,18.4 g 柠檬酸,用 800 mL 超纯水溶解。加入青

链霉素混合液,使得溶液内青霉素浓度为 100 IU/mL,链霉素浓度为 0.1 mg/mL。调节 pH 至 7.0,定容至 1000 mL,最后 0.22 μm 过滤至无菌广口瓶中备用。

(2)精液冷冻液

取 100 mL 配制好的精液基础稀释液,向其中加入 25 mL 新鲜鸡蛋蛋黄,使劲搅拌,使其充分混匀。将混合液 4000 r/min 离心 10 min,离心后取上清液,弃掉沉淀。调节上清液 pH 至 7.0,再向其中加入 7 mL 甘油,使劲摇晃,使其充分混匀。精液冷冻液配好后保存在 4 ℃冰箱备用。

(3)精子低渗液

称取 0.294 g 柠檬酸钠,0.54 g 果糖,溶解于 90 mL 超纯水中,将 pH 调节至 7.0,然后将其定容至 100 mL。

(4)精子 BWW 培养液

在 450 mL 超纯水内加入 0.178 g KCl,2.77 g NaCl,0.081 g KH_2PO_4,0.147 g $MgSO_4 \cdot 7H_2O$,0.095 g $CaCl_2$,0.014 g 丙酮酸钠,2.38 g HEPES(4-羟乙基哌嗪乙磺酸),0.12 g NaOH,0.0013 g 酚红,充分混匀。加入青链霉素混合液,使得溶液内青霉素浓度为 100 IU/mL,链霉素浓度为 0.1 mg/mL,调节 pH 至 7.2~8.0,定容至 500 mL。

(5)获能液配制

取 100 mL 精子 BWW 培养液,向其中加入 1 mg 肝素,使得肝素的终浓度为 10 μg/mL。将液体混匀,最后 0.22 μm 过滤至无菌广口瓶中备用。

(6)TN 溶液配制

TN 溶液即 Tris-NaCl 溶液,称取 Tris 0.2422 g,NaCl 0.7598 g,溶于 90 mL 蒸馏水中,调节 pH 至 7.8,最后用蒸馏水定容至 100 mL。使得 Tris 的终浓度为 20 mmol/L,NaCl 的终浓度为 130 mmol/L。

(7)CTC(金霉素)染液配制

称取 CTC-HCl 3.8 mg,L-半胱氨酸 6.6 mg,溶于 10 mL 配制好的 TN 溶液中,调节 pH 至 7.8,最后 0.22 μm 过滤至无菌离心管中备用。CTC 溶液需要 4 ℃避光保存,最好现用现配。

11.1.2　试验方法

11.1.2.1　样品采集

在山西省农业科学院畜牧兽医研究所所属的吕梁市文水县的种羊场选取健康、性成熟、体况相当且良好的杜泊种公羊 6 只,采用假阴道人工采精的方式,采集其精液。将新鲜采集的精液用无菌注射器吸入 15 mL 无菌离心管中,放入 37 ℃保温杯中,1 h 内带回实验室。

11.1.2.2　精液免疫组化

将新鲜采集的精液用精液基础稀释液稀释至 1×10^6 个/mL 左右。在 $100~\mu L$ 稀释的精液内加入 $20~\mu L$ 4% 多聚甲醛,室温下固定精子 30 min。将固定好的精液滴 $10~\mu L$ 在吸附型载玻片上,然后按照画同心圆的方式将精液均匀地涂抹开,制作成抹片。在烤片机 45 ℃ 条件下,将精液抹片烤 3 h,使精子紧紧黏附在载玻片上。PBS 缓冲液浸洗抹片 3 次,每次 5 min,以除去多聚甲醛。

在抹片上滴加蒸馏水配制的 3% 过氧化氢溶液,室温孵育 10 min,以使得内源性过氧化物酶失活。PBS 缓冲液浸洗抹片 3 次,每次 5 min,以除去过氧化氢。再在抹片上滴加 5% BSA 封闭液,将抹片置于恒温培养箱内 37 ℃ 孵育 30 min。孵育完成后,将 BSA 封闭液甩干,直接在对应抹片上分别滴加兔抗鼠 CYP2R1、CYP24A1、CYP27A1、CYP27B1、VDR 蛋白一抗抗体,将抹片置于 4 ℃ 冰箱内孵育过夜。此步骤阴性对照滴加兔血清,以替代一抗抗体。

孵育完成后,PBS 缓冲液浸洗抹片 3 次,每次 5 min,以除去抹片上残存的一抗。在抹片上滴加生物素标记的二抗(山羊抗兔 IgG),将抹片置于恒温培养箱内,37 ℃ 孵育 30 min,使二抗与一抗充分结合。孵育完成后,PBS 缓冲液浸洗抹片 3 次,每次 5 min,以清除未结合的多余的二抗。在抹片上滴加 SABC,将抹片置于恒温培养箱内,37 ℃ 孵育 30 min。孵育完成后,PBS 缓冲液浸洗抹片 3 次,每次 5 min,以清除多余的 SABC。在抹片上滴加 DAB 显色液,室温孵育 10 min,自来水轻轻冲洗掉显色液。在抹片上滴加苏木素进行复染,复染时间 5 s,用自来水将苏木素轻轻冲洗干净。对抹片进行梯度脱水,用中性树脂进行封片。最后,在显微镜下进行镜检并拍照。

11.1.2.3　精液品质鉴定

精液采集后观察精液颜色,正常精液的颜色为乳白色,无味或者略带腥味,肉眼观察呈云雾状。如精液呈其他颜色或带有异味,则将精液丢弃。取少量精液,用 37 ℃ 精液基础稀释液缓慢稀释后,立即进行镜检,精子活率大于 0.7 方可使用。精液品质鉴定后,选取 6 只种公羊的精液进行试验。

11.1.2.4　绵羊精子的冷冻与解冻

精液采集并鉴定品质后,采用两步法对精液进行稀释。将精液放入 15 mL 离心管中,使用精液冷冻稀释液缓慢将精液稀释 2 倍。将离心管包裹 10 层纱布,然后将精液放 4 ℃ 平衡 1.5 h。向平衡后的精液内缓缓加入精液冷冻液并轻柔混匀,将精液再稀释 2 倍,总共稀释 4 倍。将加入冷冻稀释液后的精液分为四份,在每份精液内加入不同量的 $1\alpha,25\text{-}(OH)_2 D_3$,轻柔混匀,使得四份精液内的 $1\alpha,25\text{-}(OH)_2 D_3$ 终浓度分别为 0 nmol/L、1 nmol/L、10 nmol/L、100 nmol/L。精液继续在 4 ℃ 平衡 1.5 h。精液平衡完成后,在 4 ℃ 左右的环境中,迅速用一次性 1 mL 注射器吸取精液,并注入细管内,迅速将细管封口,制作成细管精液。将细管精液放在架子上,保持 4 ℃ 环境。立即准备一个泡沫盒,向其中倒入液氮。然后将放有细管精液的架子放入泡沫盒,使得细管精液距液氮表面约 2 cm。盖上泡沫盒盖子,使细管精液在液氮表面熏蒸 6~7 min。迅速将细管精液投入液氮中,在液氮中冷冻 30 min 以上,至此绵羊细管冷冻精液制作完成。

绵羊精液的解冻:将绵羊细管冷冻精液从液氮内取出,迅速放入 37 ℃水浴锅内,使其迅速融化,以减少缓慢升温对绵羊精子的刺激作用。精液融化后精子解冻完成。

11.1.2.5　绵羊精子鲜精及冻精存活时间试验

绵羊鲜精:刚采集的新鲜精液,用精液基础稀释液将精液缓慢稀释,调节精子密度至 1×10^7 个/mL,将稀释后的精液分为四份。每份内加入不同量的 $1\alpha, 25\text{-}(OH)_2 D_3$,使得四份精液内的 $1\alpha, 25\text{-}(OH)_2 D_3$ 终浓度分别为 0 nmol/L、1 nmol/L、10 nmol/L、100 nmol/L。将四份精液常温保存,定时用显微镜鉴定精子活率(运动精子数占总精子数百分比)及活力(直线运动精子数占总精子数百分比),直至精子全部死亡,不再运动。

绵羊冻精:刚解冻的绵羊精液分为四份,每份内加入不同量的 $1\alpha, 25\text{-}(OH)_2 D_3$,使得四份精液内的 $1\alpha, 25\text{-}(OH)_2 D_3$ 终浓度分别为 0 nmol/L、1 nmol/L、10 nmol/L、100 nmol/L。将四份精液 37 ℃保存,定时用显微镜鉴定精子活率及活力,直至精子全部死亡,不再运动。

11.1.2.6　精液解冻后精子顶体完整率检测

通过姬姆萨染色法,进行精子顶体完整率的检测。在黏附型载玻片中央滴一滴刚刚解冻的绵羊细管精液,用画同心圆的方式将其涂抹开,制作成抹片,尽量使精液涂抹均匀。待抹片上的精液自然风干,对精液进行固定。

固定方法:在自然风干的抹片上滴加甲醇,使甲醇完全覆盖精子,固定时间为 3 min。将抹片自然风干,再滴加姬姆萨染液室温染色 30 min。染色结束后,用自来水轻轻冲洗掉染液,盖上盖玻片,然后显微镜下观察。顶体完整的精子,其顶体被染成紫红色;顶体损坏的精子,其顶体不能着色或着色非常浅。

11.1.2.7　精液解冻后精子质膜完整率检测

精子质膜完整率检测采用低渗膨胀试验,检测精子的弯尾率(弯尾精子数占总精子数百分比)。将绵羊细管冷冻精液在 37 ℃迅速解冻,吸取 100 μL 解冻后的精液,加入 1 mL 37 ℃预热的低渗液中,轻柔混匀,37 ℃孵育 60 min。孵育后用显微镜观察低渗处理的精子,看精子尾部是否出现弯尾。如果精子质膜完整,那么精子外部环境为低渗环境时,精子为了维持渗透压平衡,便会吸水,导致尾部膨胀弯曲,故尾部膨胀弯曲的精子便是质膜正常的精子。每次至少计数 200 个精子,每个样品重复计数 2 次。

11.1.2.8　精子获能及获能检测

将新鲜采集的精液 37 ℃放置 15 min,使精液液化,用 37 ℃预热的精子 BWW 培养液洗涤精子两次,1000 r/min 离心 10 min。与此同时,在圆底离心管内加入预热的 2 mL 38.5 ℃获能液。此获能液中预先加入了不同量的 $1\alpha,25\text{-}(OH)_2D_3$，使得四组获能液内 $1\alpha,25\text{-}(OH)_2D_3$ 的浓度分别为 0 nmol/L、1 nmol/L、10 nmol/L、100 nmol/L。将洗涤过的精子沉淀缓慢加注到获能液底部，切勿与获能液混匀。将此圆底离心管放入 CO_2 培养箱内，45°放置，培养箱温度为 38.5 ℃，孵育时间为 30 min。精子获能检测采用 CTC 染色法。精子获能结束后，吸取离心管获能液上层精子30 μL，并与 30 μL 现配的 CTC 染液充分混匀，静置 20 s。加入 10 μL 4%多聚甲醛溶液并混匀，以对精子进行固定。最后将精子置于荧光显微镜下观察鉴定，对精子计数时，每个样品随机选取 200 个精子进行观察计数，每个样品重复观察计数 2 次。

11.1.2.9　数据处理及统计分析

数据应用 SPSS 软件进行分析，数据以平均数±标准误表示。使用单因素方差分析，多重比较采用 Tukey 法。

11.2　结　　果

11.2.1　VD 代谢相关酶与 VDR 蛋白在绵羊精子中的定位

新鲜采集的绵羊精子经稀释后，使用 CYP2R1、CYP24A1、CYP27A1、CYP27B1、VDR 蛋白抗体对精子进行免疫组化试验，以探究这五种蛋白在精子中的定位情况，结果如图 11.1 所示。图 11.1a～图 11.1e 为试验组，分别是精子与 CYP2R1、CYP24A1、CYP27A1、CYP27B1、VDR 蛋白抗体共同孵育。图 11.1f 为精子阴性对照组，是绵羊精子与兔血清共孵育。由结果可见，五种蛋白在精子头部都有或多或少的表达。

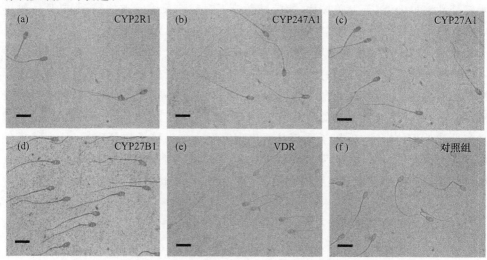

图 11.1　五种蛋白在绵羊精子中的定位（放大倍数为 1000×，标尺为 20 μm）

11.2.2　$1\alpha,25\text{-}(OH)_2D_3$ 对绵羊精子存活时间的影响

绵羊鲜精稀释后,在不同浓度 $1\alpha,25\text{-}(OH)_2D_3$ 条件下,检测常温下 VD 对精子存活时间的影响。绵羊冻精解冻后,在 37 ℃条件下检测不同浓度 $1\alpha,25\text{-}(OH)_2D_3$ 对绵羊冻精解冻后精子存活时间的影响,结果如图 11.2 所示。当 $1\alpha,25\text{-}(OH)_2D_3$ 浓度为 10 nmol/L 与 100 nmol/L 时,鲜精存活时间显著延长($P<0.05$)。当 $1\alpha,25\text{-}(OH)_2D_3$ 浓度为 10 nmol/L($P<0.05$)与 100 nmol/L($P<0.01$)时,绵羊冻精解冻后存活时间也显著延长。以上结果共同表明,VD 可以延长精子的存活时间。

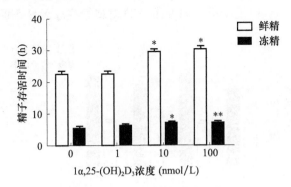

图 11.2　$1\alpha,25\text{-}(OH)_2D_3$ 对绵羊精子存活时间的影响

11.2.3　$1\alpha,25\text{-}(OH)_2D_3$ 对绵羊精子获能的影响

绵羊鲜精稀释后,用肝素对其进行获能处理,采用 CTC 染色对精子获能进行分析,从而探明 $1\alpha,25\text{-}(OH)_2D_3$ 对绵羊精子获能的影响,结果如图 11.3 所示。$1\alpha,25\text{-}(OH)_2D_3$ 能够显著地降低 F 型精子(未获能精子)的比例($P<0.05$ 或 $P<0.01$),显著地升高 B 型精子(已获能但未发生顶体反应的精子)的比例($P<0.05$ 或 $P<0.01$),但是对 AR 型精子(完成顶体反应的精子)无显著影响($P>0.05$)。以上结果表明,$1\alpha,25\text{-}(OH)_2D_3$ 能够促进绵羊精子的获能。

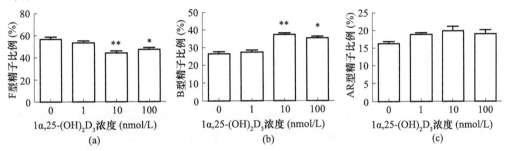

图 11.3　$1\alpha,25\text{-}(OH)_2D_3$ 对绵羊精子获能的影响

11.2.4 1α,25-(OH)₂D₃对绵羊精子冷冻的影响

使用含有不同浓度 1α,25-(OH)$_2$D$_3$ 的精液冷冻液,对绵羊鲜精进行冻存,解冻后检测精子活力、活率、质膜完整率及顶体完整率,以评估 VD 对冷冻精子的保护作用,结果如图 11.4 所示。图 11.4a 为不同浓度 1α,25-(OH)$_2$D$_3$ 对精子冷冻解冻后活力及活率的影响,不同浓度 1α,25-(OH)$_2$D$_3$ 对精子活率和活力没有显著影响($P>$0.05)。图 11.4b 为不同浓度 1α,25-(OH)$_2$D$_3$ 对精子冷冻解冻后质膜完整率(弯尾率)及顶体完整率的影响,不同浓度 1α,25-(OH)$_2$D$_3$ 对精子弯尾率及顶体完整率无显著影响($P>$0.05)。以上结果共同说明,VD 对精子冷冻无显著保护作用。

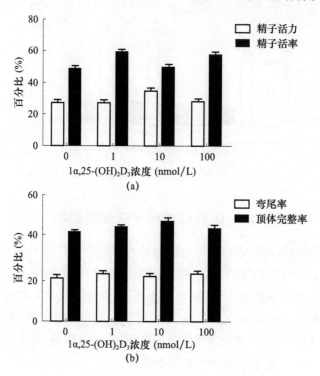

图 11.4 1α,25-(OH)$_2$D$_3$对绵羊精子冷冻的影响

11.3 讨   论

精子质量是雄性绵羊,特别是种用雄性绵羊最重要的价值体现。近年来,各种维生素对精子质量的影响逐渐引起了人们的重视。比如 VB$_{12}$[7]、VE[8]、VB$_6$[9]、VC[10]等都会对精液品质或精子的生理生化指标产生一定影响,但是 VD 对绵羊精子的作用鲜有报道。

VD 代谢相关酶类以及 VDR 蛋白是否存在于绵羊精子内,关系着 VD 能否在绵羊精子内发挥功能。因此,本研究采集绵羊精液,并利用免疫细胞化学技术,检测 VD 代谢相关的四种酶与 VDR 是否存在于绵羊精子内。研究表明,VD 代谢相关的四种酶均或多或少表达于绵羊精子头部。这表明绵羊精子也参与了 VD 的代谢活动,这拓宽了对 VD 在体内代谢的认识。VD 代谢相关酶在精子内表达的研究少有报道,一项针对人精子的研究利用免疫细胞化学技术,表明 CYP27B1 与 CYP24A1 存在于精子内,但是 CYP27A1 与 CYP2R1 不存在[1]。这项试验结果与本章研究有出入,或许是种间差异造成了结论的不同,但是另一方面也说明了绵羊的独特性,其精子能够独立代谢 VD。

另外,本章研究也表明,VDR 蛋白也存在于绵羊精子的头部。VDR 蛋白存在于精子内是出乎意料的,因为在针对睾丸及附睾 VDR 蛋白的免疫组化试验中,我们没有发现 VDR 蛋白在绵羊精子内有明显表达。造成这种差异有可能是因为射出体外的精子和睾丸、附睾内的精子略有不同。因为精子在射出体外的过程中,会混合精囊腺、前列腺、尿道球腺等副性腺所分泌的液体。这些副性腺所分泌的液体成分非常复杂,含有各种离子、蛋白等,这些成分可能会使得精子质膜表面或者精子内部发生某些改变,从而使得 VDR 蛋白重新出现在精子上。VDR 蛋白的存在是 VD 对靶细胞发挥作用的先决条件,因此本章还研究了 VD 对精子的影响。

本研究表明,在室温条件下,当绵羊鲜精环境中 $1\alpha,25-(OH)_2D_3$ 浓度为 10 nmol/L、100 nmol/L 时,精子的存活时间可以显著延长。这一试验结果与 Aquila 等[3]的结果相呼应,他们在 37 ℃、5% CO_2 浓度的环境下培养新鲜的人类精子,发现当环境中存在 $1\alpha,25-(OH)_2D_3$ 时,可以延缓精子的死亡[3]。这一试验结果具有重要的意义,目前绵羊冷冻精液的质量比不上牛冷冻精液,因此,绵羊鲜精稀释后进行人工授精仍具有重要意义。如果 VD 能够延长绵羊鲜精的存活时间,那么无疑可以提高人工授精的效率。另外,精子在高温下运动速度会加快,这样会加速精子自身能量的消耗,进而加速精子的死亡。有试验表明,在适当的温度范围内,精子在温度低的环境中存活时间比在温度高的环境中存活时间要长[11]。因此,本研究选择在常温下进行试验,而不是在 37 ℃进行试验。

对于绵羊冻精而言,精液解冻后应该立即进行输精,而精液输入母羊体内后,精子所面对的环境温度就是母羊的体温。因此,本研究在绵羊冻精解冻后精子存活时间的试验中选择了 37 ℃的环境温度,而不是常温。本研究发现,$1\alpha,25-(OH)_2D_3$ 能够显著地延长绵羊冻精解冻后精子的存活时间。绵羊精子在母羊生殖道内存活时间越长,那么精子就会有更大的概率和卵子结合并受精。如果在冷冻精液里添加 $1\alpha,25-(OH)_2D_3$,那么绵羊人工授精的成功率就可能会提高。

有研究表明,在水牛精液冷冻时,如果添加 VD 将会提高水牛精液冷冻解冻后的精子活率[12]。另外,也有研究表明,同属脂溶性维生素的 VE 也能够对冻精的品质产生影响[13-15]。鉴于此,本研究探讨了 $1\alpha,25\text{-(OH)}_2D_3$ 对冻精解冻后精液品质的影响,结果并未发现 $1\alpha,25\text{-(OH)}_2D_3$ 能够提高绵羊精子冷冻解冻后的活率及活力。

与此同时,本研究还评估了 VD 对冻精质膜完整性及顶体完整性的影响,因为这两项指标也关系到冻精解冻后的活率与活力。如果质膜或顶体遭到破坏,那么精子的活率和活力必定受到影响。本研究在精液冷冻时,在冷冻稀释液里添加了不同浓度的 $1\alpha,25\text{-(OH)}_2D_3$,但是结果表明 $1\alpha,25\text{-(OH)}_2D_3$ 并不能够提高绵羊精子质膜的完整率与顶体完整率。因此,综合绵羊精液冷冻解冻后活率、活力、质膜完整率、顶体完整率指标,推断 $1\alpha,25\text{-(OH)}_2D_3$ 对于绵羊精液的冷冻并无保护作用。

精子获能是一个非常重要的过程,在 20 世纪中叶,Chang[16] 和 Austin[17] 便发现,哺乳动物的精液在射出体外后,虽然精液中的精子状态完好,但是无法与卵子结合而使卵子受精。哺乳动物的精子必须要经过一个获能的过程,才能和卵子结合并受精。精子获能涉及精子蛋白磷酸化[18-21]及质膜的变化,如胆固醇外流等,最终引起顶体反应[22,23]。精子获能后,才能加速其尾部摆动,加速其向前运动,以便更快地与卵子相遇,更好地与卵子结合。正常情况下,精子的获能发生在雌性生殖道内,因为雌性生殖道内有获能因子的存在。在体外试验中,很多试验会采用肝素对精子进行获能[24,25]。

本试验也采用肝素对精子进行获能,采用常用的肝素浓度 $10\ \mu g/mL$,并在获能液中添加了不同浓度的 $1\alpha,25\text{-(OH)}_2D_3$。结果表明,$1\alpha,25\text{-(OH)}_2D_3$ 会显著提高精子的获能效率。这一结果与 Aquila 等的试验结果相呼应,他们发现在人类精子获能过程中,添加 $1\alpha,25\text{-(OH)}_2D_3$ 能够加强精子膜胆固醇外流,加强精子蛋白苏氨酸和酪氨酸磷酸化[3]。而精子膜胆固醇外流、精子蛋白苏氨酸和酪氨酸磷酸化都是精子获能的标志。$1\alpha,25\text{-(OH)}_2D_3$ 可以促进绵羊精子的获能,这说明在精液稀释液中添加 $1\alpha,25\text{-(OH)}_2D_3$ 或许能够提高绵羊的受胎率。

11.4 小　　结

本章研究结果表明,VD 代谢相关的酶类 CYP2R1、CYP24A1、CYP27A1、CYP27B1 与 VDR 蛋白都存在于绵羊精子内,主要存在于精子头部。这说明 VD 对绵羊精子具有潜在的作用。进一步研究表明,VD 能延长绵羊精子存活时间,促进精子获能,这说明 VD 对绵羊精子具有营养作用。但是 VD 并不能减轻绵羊精子在冷冻解冻过程中所造成的损伤。

参考文献

[1] JENSEN M B, NIELSEN J E, JØRGENSEN A, et al. Vitamin D receptor and vitamin D metabolizing enzymes are expressed in the human male reproductive tract[J]. Human Reproduc-

tion, 2010, 25:1303-1311.

[2] CORBETT S T, HILL O, NANGIA A K. Vitamin D receptor found in human sperm[J]. Urology, 2006, 68: 1345-1349.

[3] AQUILA S, GUIDO C, PERROTTA I, et al. Human sperm anatomy: ultrastructural localization of 1α, 25(OH)$_2$ dihydroxyvitamin D$_3$ receptor and its possible role in the human male gamete[J]. Animal Science, 2008, 213: 555-564.

[4] DA P, MORATO G R, CARCIOFI A C, et al. Influence of nutrition on the quality of semen in Jaguars in Brazilian zoos[J]. International Zoology Yearbook, 2006, 40: 351-359.

[5] AUDET I, LAFOREST J P, MARTINEAU G P, et al. Effect of vitamin supplements on some aspects of performance, vitamin status, and semen quality in boars[J]. Journal of Animal Science, 2004, 82: 626-633.

[6] HIRAI T, TSUJIMURA A, UEDA T, et al. Effect of 1,25-dihydroxyvitamin D on testicular morphology and gene expression in experimental cryptorchid mouse: testis specific cDNA microarray analysis and potential implication in male infertility[J]. Journal of Urology, 2009, 181: 1487-1492.

[7] ALI B S. Vitamin B$_{12}$ and semen quality[J]. Biomolecules, 2017, 7(2): 42-47.

[8] KOWALCZYK A M, KLEĆKOWSKA N J, ŁUKASZEWICZ E T. Effect of selenium and vitamin E addition to the extender on liquid stored capercaillie (Tetrao urogallus) semen quality [J]. Reproduction in Domestic Animals, 2017, 52(4): 603-609.

[9] BANIHANI S A. A systematic review evaluating the effect of vitamin B$_6$ on semen quality[J]. Urology Journal, 2017, 30(12): 1-5.

[10] MANGOLI E, TALEBI A R, ANVARI M, et al. Vitamin C attenuates negative effects of vitrification on sperm parameters, chromatin quality, apoptosis and acrosome reaction in neat and prepared normozoospermic samples[J]. Taiwanese Journal of Obstetrics and Gynecology, 2018, 57(2): 200-204.

[11] 林峰, 杨婷, 陈玉霞, 等. 温度与稀释液 pH 对猪精液常温保存效果的影响[J]. 家畜生态学报, 2012, 33(4): 66-68.

[12] 赵凯. 稀释液中添加维生素 D 和 C 及褪黑激素对水牛精液冷冻保存效果的影响[D]. 武汉: 华中农业大学, 2016.

[13] HAZARIKA S B, BHUYAN D, DEKA B C, et al. Effect of vitamin E on the quality of frozen buck semen[J]. Journal of Cell and Tissue Research, 2015, 15(3): 5215-5220.

[14] ZHU G, WANG B, WANG H, et al. Effect of vitamin E supplemented in frozen semen extend on pet dog semen cryopreservation[J]. Journal of Economic Animal, 2016, 1: 73-79.

[15] KALTHUR G, THIYAGARAJAN A, KUMAR S, et al. Vitamin E supplementation in semen-freezing medium improves the motility and protects sperm from freeze-thaw-induced DNA damage[J]. Fertility and Sterility, 2011, 95(3): 1149-1151.

[16] CHANG M C. Fertilizing capacity of spermatozoa deposited into the Fallopian tube[J]. Nature, 1951, 168: 697-698.

[17] AUSTIN C R. Observations on the penetration of the sperm into the mammalian egg[J].
Australian Journal of Science Research, 1951, 4: 581-596.

[18] BALDI E, LUCONI M, BONACCORSI L, et al. Signal transduction pathways in human
spermatozoa[J]. Reproductive Immunology, 2002, 53: 121-131.

[19] BREITART H. Signaling pathways in sperm capacitation and acrosome reaction[J]. Cellular
and Molecular Biology, 2003, 49: 321-327.

[20] ASQUITH K L, BALEATO R M,MCLAUGHLIN E A, et al. Tyrosine phosphorylation ac-
tivates surface chaperones facilitating spermzona recognition[J]. Journal of Cell Science,
2004, 117(16): 3645-3657.

[21] SAKKAS D, LEPPENS L G, LUCAS H, et al. Localization of tyrosine phosphorylated pro-
teins in human sperm and relation to capacitation and zona pellucida binding[J]. Biology of
Reproduction, 2003, 68(4): 1463-1469.

[22] DEBARUN R, SOUVIK D, GOPAL C, et al. Role of epididymal anti sticking factor in
sperm capacitation[J]. Biochemical and Biophysical Research Communications, 2015, 463
(4): 948-953.

[23] FRASER L R. Sperm capacitation and the acrosome reaction[J]. Human Reproduction,
1998, 2: 9-19.

[24] YANAGIMACHI R, CHANG M C. Fertilization of hamster eggs in vitro[J]. Nature, 1963,
200: 281-282.

[25] LU K H, GORDON I, GALLAGHER M, et al. Pregnancy established in cattle by transfer
of embryos derived from in vitro fertilization of oocytes matured in vitro[J]. Veterinary Re-
cord, 1987, 121: 259-260.

附　　录

缩略词	中文名称
$1\alpha,25\text{-}(OH)_2D_3$	$1\alpha,25\text{-}$二羟维生素 D_3
$25\text{-}OHD_3$	25-羟维生素 D_3
DBP	VD 结合蛋白
VDR	VD 受体
ELISA	酶联免疫吸附技术
GnRH	促性腺激素释放激素
FSH	促卵泡素
LH	促黄体素
T	睾酮
E_2	雌二醇
SHBG	性激素结合球蛋白
CYP2R1	细胞色素氧化酶 2R1(VD 25-羟化酶)
CYP27A1	细胞色素氧化酶 27A1(线粒体胆固醇 27-羟化酶)
CYP27B1	细胞色素氧化酶 27B1(VD 1α-羟化酶)
CYP24A1	细胞色素氧化酶 24A1(VD 24-羟化酶)
Real-time PCR	实时荧光定量 PCR
T-AOC	总抗氧化能力
CAT	过氧化氢酶
SOD	超氧化物歧化酶
GSH-PX	谷胱甘肽过氧化物酶
GST	谷胱甘肽 S-转移酶
SA	唾液酸
7-DHC	7-脱氢胆固醇
RXR	维甲酸 X 受体
IHC	免疫组化
ICC	免疫细胞化学
BMI	平均身体质量指数

缩略词	中文名称
AMH	抗缪勒氏管激素
X-Gal	5-溴-4-氯-3-吲哚-β-D-半乳糖苷
IPTG	异丙基硫代半乳糖苷
SABC	链霉亲和素-生物素复合物
PMSF	甲苯磺酰氟
FBS	胎牛血清